만족한다는
착   각

만족한다는 착각

무엇이 우리를 더 만족하게 만드는가

마틴 슈뢰더 지음
김신종 옮김

프런티어

만족한다는
착   각
차례

1장

왜 행복보다
만족이 중요할까

방대한 설문과 연구로 추적한 만족의 비밀

출퇴근 거리가 늘어나는 대신 더 높은 월급을 받을 수 있다면 어떤 선택을 할까? 아이는 꼭 낳아야 할까? 적절한 시기란 언제를 말하는 걸까? 직업을 가져야 할까? 일은 꼭 해야 할까? 이 사람과 계속 연애를 해야 할까? 친구가 더 필요할까? 더 넓은 집이 좋을까? 운동을 더 많이 해야 할까? 아니면 이런 질문 따위는 뒤로 미뤄두고 잠이나 푹 자는 게 나을까?

이들 질문에는 매우 중요한 물음이 숨어 있다. 바로 '나를 만족시키는 것은 무엇일까?'다. 누구나 만족을 추구하며 인생의 목표로 삼는다. 정도의 차이가 있을 뿐 만족을 바라지 않는 사람은 없다. 그렇다면 우리를 만족시키는 것이 무엇인지 어떻게 알아낼 수 있을까?

우리는 술집, 카페, 집 등에서 친구들, 친인척들, 심지어 낯선 이들과도 꿈의 직장이나 자녀, 반려자를 만난 후 바뀐 삶 등에 대해 쉬지 않고 얘기하며 자신의 만족도를 가늠한다. 하지만 이런 대화로 언제 만족감을 느끼는지 제대로 알아낼 수 있을까? 당신의 친구가 꿈의 직업을 찾은 후에도 그다지 만족감을 느끼지 못하고 있다고 해보자. 그는 자신의 속내를 다른 사람들에게 드러내고 싶지 않을 것이다. 한편, 당신의 친구가 간절히 원하던 아이를 가졌지만 아이가 없을 때보다 만족도가 더 높아지지 않았다면 어떨까. 그 역시 자녀를 가지기로 한 결정이 얼마나 잘못된 선택이었는지 주변 사람들에게 알려지는 상황을 바라지 않을 것이다. 또는 사촌이 그토록 바라던 새 연인을 만났지만 그 관계에서 만족감을 느끼지 못한다면 어떨까. 마찬가지로 굳이 알리고 싶어 하지 않을 것이다.

이렇듯 사람들은 진심을 터놓고 이야기하지 않는다. 속내를 터놓는다 하더라도 자신이 만족하는지 아닌지를 스스로도 확신하지 못한다. 워낙 개방적이라 자기 속내를 잘 드러내는 사람이라거나 심사숙고하는 능력이 뛰어나 자신의 만족 여부와 그 이유를 정확히 판단할 줄 아는 사람이더라도 여전히 문제는 남는다. 자신의 경험을 일반화할 수 있을지 확신할 수 없기 때문이다. 그렇다 보니 사람들이 진정으로 언제 만족감을 느끼는지 밝혀내는 게 불가능한 일처럼 보이는 것도 당연하다.

실제로 우리는 무엇이 우리를 만족시키는지 알지 못한다. 하버드 대학교 심리학 교수인 대니얼 길버트(Daniel Gilbert)도 《행복에 걸려 비틀거리다》에서 사람들이 행복의 원천을 어떻게 오판하는지를 보여준다.[1] 하지만 안내서 수준의 책으로는 행복의 동기를 제대로 파악할 수 없다. 이런 유의 안내서들은 명상, 다이어트, 스포츠 활동, 우정, 성공, 성형수술 등을 해결책이랍시고 전파하며 이를 통해 불만족스러운 현실을 바꿀 수 있다고 약속한다. 하지만 이는 어디까지나 저자의 주관적인 의견에 불과하다. 그러니 희망이 없어 보일 만도 하다. 사람들을 행복하게 하는 것이 무엇인지 답을 찾아 내려면 수십 년간 수천 명을 상대로 설문조사를 통해 만족도를 추적·조사하고 조사 참여자에 대한 그 밖의 여러 사항들을 파악해야 한다. 그런데 그런 방대한 작업이 과연 가능할까.

그 불가능해 보이는 일을 베를린 소재의 독일경제연구소(DIW)가 해냈다. 탁월한 명성을 자랑하는 DIW는 라이프니츠 협회 소속 연구소로, 연방정부와 베를린의 재정 지원을 받아 사회경제패널(Socio-Economic Panel, SOEP) 자료를 제공한다. DIW는 1984년부터 총 8만 4,954명의 독일인을 대상으로 삶의 만족도를 주제로 한 63만 9,144건의 설문조사를 진행했다. 이 데이터는 인구분포도에 따른 모든 사회 집단을 조사 대상으로 삼았으며, 동일한 응답자가 장기간 동안 반복해서 설문조사에 참여했기 때문에 왜 어떤 사람들은 다른 사람들보다 만족도가 더 높은지, 인생의 전환점을 맞이한 후에 만족감이 더 커졌는지 혹은 떨어졌는지도 알 수 있다.

독일이 SOEP를 통해 '만족도를 평가하는 세계 최고 수준의 설문조사'를 수행할 수 있었던 건 순전히 우연이었다. 1970년대 후반, 일부 학자들은 결론을 도출하는 데 수십 년이 소요될 것임을 알면서도 동일한 응답자를 대상으로 반복적으로 설문조사를 실시하는 대담한 계획을 감행했다. 이들은 리스크가 높은 '트리플 베팅'을 했다. 즉, 연구원들은 설문조사 참여자들이 수십 년간 매해 반복적인 질문에 답을 할 것이며, 이들이 수십 년에 걸쳐 설문조사 참여비를 받을 의향이 있고, 수십 년 후 이 방대한 데이터를 일목요연하게 정리할 수 있는 컴퓨터가 등장할 거라는 데 베팅한 것이다. 그로부터 수십 년이 지난 지금, 그 베팅은 성공했다. SOEP를 통해 사람들의 운명을 30년 이상 추적·연구하는 일을 실제로 해낸 것이다. 이 조사 기술에 힘입어 삶의 만족도 연구는 각광받는 과학 분야로 자리 잡았다.

이 데이터를 바탕으로 누가 언제 만족감을 느끼는지 알아내면 새로운 사실을 발견하는 데도 유용하다. 가령 친구의 연봉이 인상됐다고 치자. 그 친구는 전보다 더 좋은 집을 얻어 만족도도 높아질 것이다. 하지만 정작 그 자신은 더 큰 만족감을 느끼는 이유가 더 좋은 집 때문인지 연봉 인상 때문인지 종잡을 수 없을지도 모른다. SOEP 데이터를 분석하면 그 이유를 판별해낼 수 있다. 나아가 연봉이 그대로인데도 더 좋은 집으로 이사한 사람이나 연봉이 인상됐음에도 같은 집에서 계속 사는 사람의 만족도도 확인할 수 있다. 즉, 이 두 집단의 차이를 파악하면 더 좋은 집이 실제로 삶의 만족도를 높이는지, 아니면 더 좋은 집을 소유하고 있는 사람이 벌이가 더 좋아서 만족도가 더 높은 것인지를 알아낼 수 있다. SOEP 데이터를 활용하면 사람은 언제 만족도가 높아지는지를 알아내 '나를 만족시키는 것은 무엇일까?'라는 가장 중요한 질문에 대한 답을 찾을 수 있다. 그런데도 여태 누구도 이 작업을 해내지 못했다.

나는 이 작업을 집대성해 이 책으로 엮었다. 나를 잘 아는 사람들은 나만한 적임자가 없다고 말할 것이다. 사회학자에게 통계 연구는 필수다. 나는 통계에 골몰하느라 지하실에 뭘 가지러 내려왔던 건지 깜빡할 때도 많았고 기차에 가방을 두고 내리는 일도 잦았다. 이 글을 쓰는 지금도 프랑크푸르트역 분실물 센터에서 내가 지난주에 두고 내린 프린트물을 찾아 가라는 연락을 받았다.

나는 내 컴퓨터에 저장된 엄청난 양의 데이터로 삶의 만족도에 영향을 미치는 것이 무엇인지 알아내는 일에 몰입하는 데서 행복감을 느낀다. 그 연구 결과들이 저명한 사회학 학술지에 여러 번 실리기도 했다. 그런데도 사람들이 언제 만족감을 느끼는지 알아내는 일은 늘 다른 전문가의 몫이었고, 나는 그게 불만이었다. 이 책을 쓴 것도 그래서다.

나는 학술지에 실렸던 내 과학적 연구의 결과물을 이 책에 그대로 실었다. 결과를 도출하는 데 이용한 모든 데이터는 인터넷에 공개돼 있다.[2] 과학자로서 내 연구 방법론을 살펴보고 싶다면 이 공개 자료를 바탕으로 분석 단계와 오류 여부를 점검하면 된다. 하지만 이 책의 독자가 과학자로 제한되는 건 아니다. 무엇이 삶의 만족도를 높이는지 알려주는 과학적 데이터를 한데 모아놓은 유일한 책인 만큼 우리 사회에 관심을 기울이는 일반인이라면 누구든 독자가 될 수 있다. 장담컨대 이 책에는 누구나 놀랄 만한 결과가 담겨 있다.

그런데 이러한 통계 결과가 실제로 우리 모두에게 적용될 수 있을까? 우리는 '평균'이 아니다. 돈, 가족 또는 친구를 중요하게 여기는 정도가 다른 사람들보다 높을 수도 있다. 그렇지만 이는 문제가 되지 않는다. 이를테면 '월 소득이 약 2,000유로(약 284만 원)가 넘어가면 만족도가 별로 높아지지 않는다'는 연구 결과의 경우, 2,000유로라는 기준점에 동의하지 않을지도 모른다. 돈이 중요하다고 생각한다면 여러분의 기준은 2,000유로보다 더 높을 수 있기 때문이다. 그렇다 해도 일반적으로 돈이 더 많을 때 만족도가 더 높아지는지 아닌지를 알아두는 것은 도움이 된다.

나는 무엇이 삶의 만족도를 높이는지와 더불어 통계적 정확도를 알려주는 '신뢰구간'도 제시할 것이다. 신뢰구간은 평균이 포함될 확률을 뜻하며, 이 확률은 순전한 우연의 산물이 아니라 실험을 여러 번 반복했을 때 추출되는 표본의 평균 추정치를 나타낸다.[3] 물론 '신뢰구간'은 학자들이나 쓰는 말이다. 예를 들어 3장의 〈그림 3-1〉은 한 사람이 돈을 더 많이 가졌을 때 만족도가 얼마나 높아지는지, 이 평균에 편차는 얼마나 큰지, 사람마다 만족도가 얼마나 달라지는지를 나타낸다. 나는 삶의 만족도에 영향을 미치는 것은 무엇인지, 설문조사 결과가 대다수 또는 소수에 해당하는지, 소수에 해당한다면 주로 어느 집단에 해당하는지를 제시할 것이다.

삶의 만족도에 대해 많은 것을 알려주는 SOEP의 빅데이터가 다소 섬뜩한 또 다른 이유는, 우리 자신보다 우리에 대해 더 많은 것을 알고 있기 때문이다. 황당무계한 소리처럼 들리는가? 그렇다면 예를 하나 들어보자. 독일 남성은 자녀가 생기면 대체로 일을 줄이고 싶다고 말한다. 그런데 노동 시간과 실제 삶의 만족도를 따져보면 자녀가 있는 독일 남성은 오랜 시간 일할 때, 그것도 자녀가 없는 남성보다 더 길게 일할 때 만족도가 높은 것으로 나타났다. 한편 독일 여성은 배우자가 자녀를 돌보는 게 좋다고 말하지만, 실제로는 남편이 집 밖에 오래 있을수록 만족도가 점점 올라간다. 이는 대다수의 예상과 다르다. 씁쓸하기도 하고 도덕적으로 옳다고 믿는 것과도 모순된다. 즉, 우리를 만족시켜 준다고 '생각하는' 것과 '실제로' 우리를 만족시키는 것이 늘 일치하는 건 아니다. 나는 사회학자로서 우리가 보고 싶은 세계가 아니라 실제로 존재하는 현실을 보여주려 한다.

가령 사람들은 대체로 돈이 더 많으면 만족도가 높아질 것이라고 짐작한다. 하지만 실제 데이터에 따르면 임금이 100유로(약 14만 원) 인상될 경우 사람들은 고작 60유로(약 8만 원)만 인상된 듯한 느낌을 받는다고 한다. 왜 그럴까? 자기도 모르는 사이에 더 소비하는 생활방식에 적응하기 때문이다. 돈이 더 많아지면 외식을 더 자주 하게 되고 예전에는 외식이 특별한 행사였다는 사실을 곧 잊어버린다. 소득이 늘면 소득 인상 직후의 효과가 1년 내로 절반으로 줄어들 만큼 현재 가진 돈에 빠르게 익숙해진다. 인상된 금액에 익숙해지면 추가 소득이 가져온 긍정적인 효과는 금세 사라지고 마는 것이다. 우리는 늘 지금 갖고 있는 것만으로는 부족하다고 생각한다. 그래서 아무 소용이 없다는 것도 모른 채 더 많은 돈을 좇으며 평생을 보낸다. 임금이 인상될 때마다 쓸데없는 물건을 더 많이 구매하는 이유를 누가 명확하게 설명할 수 있을까? 집 밖에 오래 있을수록 만족도가 높아진다는 사실을 어느 아버지가 고백할 수 있을까?

그런 점에서 SOEP 데이터는 사람들이 실제로 언제 만족감을 느끼는지에 대해 냉철한 시각을 제공한다. 덕분에 우리는 철학자나 전문가의 말에 의존하지 않고도 우리를 만족시키는 것이 무엇인지를 간단히 알아낼 수 있게 됐다.

행복은 잊어라, 중요한 것은 만족이다

그렇다면 왜 행복(Glück)이 아닌 만족도(Zufriedenheit)를 평가하는 걸까? 행복은 감정에 의존하고, 따라서 뚜렷한 패턴 없이 지속적으로 변하는 속성이 있다. 반면 만족감의 규칙은 단순하다. 우리는 삶이 우리가 생각하고 바라는 바와 일치할 때 만족감을 느끼고, 들어맞지 않는 상황에서 불만족을 느낀다. 사람들의 만족도가 언제 높아지는지를 알면 만족도를 높일 수 있는 조건을 알아낼 수 있다. 데이터를 통해 만족스러운 삶의 조건을 파악할 수 있다는 말이다.[4] 반면 행복을 느끼게 해주는 것이 무엇인지 산출하기는 어렵다. 행복은 왔다가 사라지고 사실 그렇게 중요하지도 않다. 더 행복할 때도 있고 더 불행할 때도 있기 때문이다. 정서적으로 심각한 문제가 생긴 게 아니라면 행복은 항상 행복과 불행 중간쯤에 자리할 것이다. 행복감은 흡사 자동 온도조절기와도 같다. 가령 섹스, 마약, 쇼핑을 반복하면서 지속적으로 최대의 행복감을 느끼면 내성도 그만큼 커져 효과가 줄어든다. 사랑이라는 감정이 그렇다. 반려자에게 5년 후에도 지금과 똑같은 감정을 기대하는 사람은 파국을 맞이할 수도 있다. 하지만 만족감은 다르다. 만족은 더 안정적이고 더 합리적이며 더 중요한 감정이다. 만족감이 지속되는 한 행복을 느끼지 못해도 상관없다. SOEP 만족도 조사 결과는 감정의 기복과는 무관하게 사람들이 생각하는 행복한 삶과 실제 현실이 언제 일치하는지를 알려준다. 이 데이터는 현재의 기분을 반영할 뿐만 아니라 실제로 사람들이 자기의 삶에 얼마나 만족하는지를 보여준다. 만약 사람들이 현재의 기분에 따라 자신의 삶을 평가한다면 여름보다는 우중충한 겨울에 덜 만족해야 할 것이다. 그런데 실제로는 그렇지 않다. 내가 제시하려는 조사 결과는 사람들이 자신의 삶에 얼마나 만족하는지를 정확히 보여준다.

만족이 행복보다 더 나은 척도임은 분명하며 만족감을 느끼는 사람들이 평균적으로 행복하다고 말할 수도 있다. 나중에 이를 데이터로 살펴볼 것이다. 만족은 행복보다 더 의미 있는 측정 지표다. 나는 수시로 변하고 사라지는 행복이 아니라 사람들이 대체로 자신의 인생에 만족할 때 느끼는 감정 상태를 살펴보려 한다.

우리는 얼마나 만족하며 살고 있을까

그렇다면 독일인은 자신의 삶에 얼마나 만족하고 있을까? 이를 확인하기 위해 SOEP는 60만 회 이상 설문조사를 실시하면서 다음과 같은 질문을 던졌다.

"마지막으로 삶 전반의 만족도에 대해 질문을 드리겠습니다. 매우 불만족은 0점, 매우 만족은 10점이라고 할 때 전반적으로 현재의 삶에 얼마나 만족하는지 점수로 말해보세요."

이 질문은 응답자가 자신의 삶에 만족하는지 생각해보는 계기를 제공한다는 점에서 유용하다. 만족하는 것이 바람직하다고 유도하는 것이 아니라 솔직한 응답을 이끌어낸다. 만족감은 철저하게 주관적인 감정이다. 즉, 만족한다고 느끼면 그만이라는 말이다. 처음에는 이 질문에 대한 응답으로 무엇을 측정할 수 있을지 의구심이 들었다. 하지만 연구 결과 이 응답들은 사람들이 극단적 선택을 하는지, 친구와 가족에게 만족스러운 사람으로 인식되는지, 그리고 얼마나 자주 웃는지 등과 상관관계가 있었다. 오늘날 이런 간단한 질문으로 사람들의 만족도를 측정할 수 있다는 사실을 의심하는 사람은 거의 없다.[5]

가령 만족도가 4점 또는 8점이라는 건 무엇을 의미할까? 통계학과 학생이라면 이것이 삶의 만족도가 8점인 사람이 4점인 사람보다 2배 더 만족감을 느낀다는 의미는 아님을 잘 알 것이다. 섭씨 40도가 20도에 비해 2배 더 뜨거운 게 아닌 것처럼 말이다. 그런데

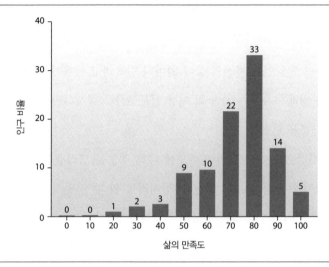

〈그림 1-1〉 **독일인의 만족도**

이 데이터는 그렇게 해석될 여지가 있다.[6] 나는 모든 값에 10을 곱해 0~100까지의 척도를 만들었다. 따라서 각 값은 최대로 얻을 수 있는 만족도의 비율이라고 보면 된다. 즉, 70점이라면 최대 만족도의 70퍼센트에 도달한 것이다. 〈그림 1-1〉은 0에서 100까지의 11가지 척도에서 독일인의 만족도에 따른 응답 비율을 보여준다. 나는 1984년부터 2017년에 해당하는 모든 데이터를 분석했지만 여기서는 2017년 데이터만 제시하려 한다.

대다수는 삶에 대한 만족도가 낮을 거라고 짐작한다. 《꾸뻬 씨의 행복 여행》의 주인공 정신과 의사 꾸뻬도 누군가에게 행복한지를 물으면 남자는 고작 지친 미소를 짓고, 여자는 울음을 터트린다고 결론짓지 않았나.[7] 그런데 실상은 다르다. 실제로는 대다수가 상당히 만족하는 것으로 드러났다. 놀랍게도 독일인 중 절반 이상이 100점 만점에 80점 이상이라고 답했다. 0~50점은 15퍼센트에 그친다. 10점 이하는 아예 없고 20점이라고 응답한 사람도 10명 중 1명이다.

모두가 그렇다는 건 아니다. 짐바브웨 국민의 삶의 만족도는 100점 만점에 평균 40점이다. 아프리카와 동유럽의 저개발국 국민들은 대체로 '매우 불만족'이라고 답한다. 예외도 있다. 남미 사람들은 가난해도 삶에 매우 만족한다. 콜롬비아인과 과테말라인은 100점 만점에 평균 80점 이상으로 독일인보다도 만족도가 높다. 빈곤이 무조건 불만족과 직결되는 건 아니지만 부유함은 만족을 보장한다. 1인당 구매력이 2,000유로(스페인 수준)가 넘는 나라 중 삶의 만족도가 65점 미만인 나라는 없다.[8] 사실 독일인의 삶의 만족도는 평균 약 70점으로 선진국 가운데 중하위에 속한다. 각국 국민들의 만족도와 만족의 요인은 이어지는 장에서 차차 알아보도록 하자.

만족은 유전적으로 결정되는 것일까

지금까지 평균 만족도를 알아봤다. 그렇다면 이 평균값은 얼마나 안정적일까? 작년에 만족도가 높다고 답한 사람 중 대부분은 내년에도 만족도가 높을까? 다행히도 다수 사람들이 그렇다. 동일한 응답자에게 반복 질문을 했을 때 90퍼센트 이상이 만족한다고 답한다. 먹을 게 부족해도, 싫은 소리를 들어도, 살 집이 없어도, 사랑하는 이를 떠나보내도 불만족스럽다기보다 더 만족한다고 답하는 경우가 많다.

어떻게 이런 응답이 가능할까? 한 이론은 만족 유전자가 다음 세대로 전달되기 때문이라고 설명한다. 침대에서 일어나는 것조차 힘들 만큼 극심한 우울증에 시달리는 사람은 자녀를 출산할 만큼 오래 살기는커녕 자녀를 가질 가능성 자체가 희박하다.[9] 수백 건의 쌍둥이 연구에서도 만족감에는 강력한 유전적 요소가 작용함을 보여준다.[10]

그 단적인 예가 각기 다른 가정으로 입양된 일란성 쌍둥이 대프니와 바바라다. 두 사람은 40세 때 처음 만났지만 둘 다 14세에 학교를 그만두고 지방 관청에서 근무한 이력이 있었다. 또 16세에 댄스 파티에서 남편을 만났고 같은 나이에 유산을 경험했으며 똑같이 세 명의 아이를 낳았다. 고소공포증과 혈액공포증이 있고 냉커피를 즐겨 마시며 웃음소리가 특이하고 비슷한 스타일의 옷을 입는다는 점도 같았다.[11] 수백 명의 일란성 쌍둥이들이 양육 환경이 달랐음에도 그처럼 놀라울 정도의 유사성을 보이자 연구자들은 유전자가 장기적 만족도의 50~80퍼센트를 차지한다고 가정했다. 또 다른 연구에서 복권 당첨자와 하반신 마비 환자조차 장기적인 만족도에서 다른 비교 집단과 거의 차이가 없었다는 결과를 제시하자 이러한 가정은 더욱 확실해 보였다.[12] 결국 학자들은 더 큰 만족감을 좇는 노력은 키를 키우려고 노력하는 것과 마찬가지로 무의

미하다는 결론을 내렸다.[13]

이 같은 우울한 견해는 만족도에 변화가 생기더라도 곧 유전적으로 결정된 만족도 수준으로 되돌아간다는, 일명 세트포인트 이론(Set-point-theory)으로 발전했다. 이 이론에 따르면 만족감은 인간의 눈이 주변이 어두워지면 물체를 잘 볼 수 있게 빛을 더 많이 들여보내고 밝아지면 눈이 멀지 않도록 빛을 덜 들여보내는 것과 흡사하게 작동한다. 즉, 우리의 정신도 환경이 더 나빠지면 우울증으로 무력해지지 않도록 만족감을 더 잘 수용하고, 행복에 도취돼 있을 때는 무기력해지지 않도록 만족감에 둔감해진다고 설명한다.[14] 세트포인트 이론은 탁월한 통찰력을 제공한다. 나치 강제수용소 포로들이 왜 극단적 선택을 하지 않았는지, 독일인이 부룬디(Burundi)인보다 생활 수준이 훨씬 나은데도 왜 불만을 토하는지, 이미 가진 게 많은데도 소유욕은 왜 더 강해지는지를 설명해주기 때문이다. 오늘날에 인간이 최악의 상황과 최선의 상황에 익숙해진다는 사실을 의심하는 사람은 없다. 하지만 세트포인트 이론에도 빈틈은 있다. 사실 사람은 자신의 만족도를 변화시킬 수 있기 때문이다.

우리는 더 만족하며 지낼 수 있다

장기적인 만족도를 결정하는 유전자가 있다는 증거가 늘어남에 따라 세트포인트 이론의 첫 번째 허점이 드러나기 시작했다. 여기에는 장기적인 삶의 만족도를 최초로 추적 조사한 SOEP의 데이터 덕이 컸다. 데이터에 따르면 세트포인트 이론과는 달리 일부 사람들의 만족도는 자신의 본래 평균 만족도보다 훨씬 높아지거나 낮아졌다.[15] 자신의 본래 평균 만족도에 전혀 도달하지 못한 경우도 있었다. 독일인 10명 중 1명은 만족도가 장기간에 걸쳐 높아졌고 1명은 오히려 내려갔다.[16] 사람이 모든 것에 적응할 수는 없다. 게다가 적응 과정이 예상보다 느린 경우도 많았다. 이 또한 세트포인트 이론의 맹점이다. 오늘 생긴 나쁜 일이 7년 후에나 회복된다는 사실을 안다고 한들 무슨 소용이 있을까.[17] 그 밖의 다른 측정값들도 대다수의 만족도가 크게 변동한다는 것을 보여준다. 삶은 세트포인트 이론이 가정하는 것처럼 평균값 언저리를 맴도는 부드러운 진자 운동이 아니라 롤러코스터 탑승에 가깝다는 말이다. 심지어 전형적인 평범한 사람의 만족도가 해마다 13점 가량 변동한 경우도 있었는데, 이는 마치 전혀 다른 두 사람의 만족도 편차만큼이나 큰 차이다. 이 같은 불규칙성은 세트포인트 이론의 엄중한 해석에 치명타를 날렸다. 한 사람이 일정 수준의 만족도를 장기간 유지하는 것이 아니라는 사실이 드러났기 때문이다. 어찌 보면 잘된 일이다. 우리가 삶의 만족도에 갇혀 있지 않고 운명을 스스로 개척해 나갈 수 있게 됐으니 말이다.

이를 토대로 마틴 셀리그먼(Martin Seligman)은 2002년에 긍정심리학을 창안했다. 그는 1998년 미국심리학회 회장으로 재임할 당시 심리학의 실상을 알고 절망했다. 심리학자가 주로 우울증, 조현병, 불안장애에 시달리는 환자들을 도울 순 있어도 만족스러운 삶을 사는 법에 대해서는 별다른 조언을 해주지 못했기 때문이다. 이런 상황을 바꾸고 싶었던 그는 새로운 심리학적 접근법인 긍정심리학을 발전시켰다. 긍정심리학은 높든 낮든 사실상 유전적으로 고정된 만족도가 있다는 사실을 의심하지 않는다. 다만 주어진 유전적 가능성을 최대한 실현시킬 수 있도록 돕는 것이 심리학의 역할이라고 여긴다. 세트포인트 이론은 모든 사람이 완벽하게 만족스러운 상태를 유지할 수 있는 건 아니라고 못 박았지만, 동시에 유전자가 허용하는 한계치 안에서 누구나 만족스러운 삶을 살 수 있다는 희망을 제시했다.[18]

긍정심리학은 효과가 있었다. 만족감이 늘 일정 수준에 머무는 건 아니므로 만족도를 높이려는 노력이 키를 더 키우려는 노력처럼 무의미한 일은 아니라는 점을 보여준 것이다. 만족감은 고정불변한 것이 아닐 뿐더러 혈압이나 체중보다 더 변동이 심하다는 사실이 밝혀지기도 했다. 유전성 고혈압이 있다고 해서 고혈압을 낮추는 노력이 의미가 없는 건 아니다. 사람에 따라 안정적인 만족도가 어느 정도인지는 다르지만, 만족도를 바꾸는 노력은 유의미하며 그 변화폭을 측정하는 일도 더 수월해졌다.[19]

나는 의사가 고혈압이나 비만을 진단하듯 삶의 만족도가 높거나 낮은 이유가 무엇과 관련이 있는지를 알려줄 것이다. 하지만 각자가 만족도를 높이기 위해 무엇을 해야 할지는 정확히 제시해줄 수 없다. 그저 유용한 정보를 전하고 여러분이 좀 더 나은 결정을 할 수 있게 도울 수는 있다. 의사도 각자 더 건강해지기 위해 무엇을 해야 할지 대신 결정해주지는 못한다. 나는 삶의 전환점을 맞이한 후 만족도가 평균적으로 얼마나 바뀌는지 보여줄 수 있다. 그런 의미에서 이 책은 지침이 아니라 진단에 초점을 맞추고 있다. 제시된 정보를 조언으로 삼을지 말지는 각자가 결정할 일이다.

이렇게 가정해보자. 여러분이 통상 만족도를 높여준다고 여겨지는 요소들을 수용해 삶을 변화시켰고 그 결과 만족도가 높아졌다고 치자. 이때 유전자는 얼마나 영향을 미칠까?

최신 연구는 우리가 단기적으로는 만족도의 3분의 1, 장기적으로는 만족도의 3분의 2까지 스스로 바꿀 수 있다고 말한다. 만족도의 3분의 1은, 가령 교육처럼 장기적으로 삶을 변화시킬 수 있는 생활환경이 결정하고, 또 다른 3분의 1은 급변한 환경, 가령 연봉 인상이나 이사처럼 대체로 단기적인 영향이 결정한다.[20] 나머지 3분의 1은 세트포인트 이론을 따르며, 이는 우리 의지를 벗어난 영역이다. 따라서 만족스러운 삶을 살고 싶다면 사람들을 '장기적'으로 만족시키는 것이 무엇인지 아는 게 유용하며, 꾸준히 만족도를 얻으려면 '단기간'에 도움이 되는 것을 아는 게 유용하다.

부자가 행복한지 가난한 사람이 행복한지를 알아내는 것처럼 누가 더 만족도가 높은지를 아는 건 흥미로운 일이다. 하지만 집단들 간에 만족도 차이가 있는 건 분명하지만 만족도를 높여준다고 알려진 요인을 도입해 변화를 가했을 때 무조건 만족도가 올라가는 건 아니다. 내가 두 번째로 고정효과 회귀분석(Fixed Effects Regression Anaalysis)을 이용한 것도 그래서다. 경험적 사회연구 방법론의 거대한 혁명으로 평가받는 이 모형은 어떤 사람이 임금 인상처럼 특정 사건이 있은 후 만족도가 더 높아졌는지 또는 떨어졌는지를 설명해준다. 가령 부자가 가난한 사람보다 만족도가 더 높은지 여부뿐 아니라 어떤 사람이 부자가 된 후에 만족도가 더 높아졌는지 여부도 알 수 있다.

더러는 인구학적 변수를 고려하는 것도 중요하다. 가령 시골 거주민, 싱글, 특정 성격을 지닌 사람들이 만족도가 더 높은지를 살펴보는 것도 흥미로운데, 만약 시골로 이주하거나 싱글이 되거나 성격이 바뀔 경우 실제로 만족도가 더 상승하는지도 알아볼 것이다. 나는 무엇보다 이론을 앞세우지 않고 구체적인 예를 통해 설명하고자 한다. 백 마디 말보다 한 번의 실천이 더 중요한 법이니 말이다.

지금부터 가장 중요한 문제라 할 수 있는 삶의 만족도에 영향을 끼치는 요인을 살펴보자. 아마 매우 놀라운 결과들을 맞닥뜨리게 될 것이다. 기대한 것과 다를 수도, 수용하기 어려울 수도 있다. 그러나 중요한 건 우리가 만족에 대해 옳다고 생각하거나 기대한 것을 재확인하는 것이 아니라 실제로 사람을 만족시키는 조건이 무엇인지를 알아내는 것이다. 우선 무엇이 가정생활의 만족도를 높여주는지부터 살펴보자.

2장

가정, 반드시
꾸려야 할까

자녀는 만족도를 높여주지 않는다

다니엘과 얀은 내 절친한 친구들이다.[1] 우리는 매년 유럽의 섬에서 함께 휴가를 보낼 만큼 친한 사이다. 그런데 두 친구는 사이좋게 지내다가도 자녀 출산을 두고 입씨름을 벌일 때가 많다. 현재에 만족하는 다니엘은 집을 난장판으로 만드는 골칫덩어리인 아이를 왜 낳아야 하는지 반문한다. 틀린 말은 아니다.

반면 얀은 아이를 보면 만면에 화색이 돈다. 그 역시 반문한다. 세상에 가치 있는 존재를 남기는 것이야말로 의미 있는 일이 아닐까? 자녀들이 성장하는 모습을 보는 것도 행복하지 않을까? 승진, 술 모임, 연애 등으로 기쁨을 느낄 때도 있지만 결국 반복되는 일상 아닐까? 맥주 몇 잔, 더 많은 돈, 몇 번의 데이트보다 인류가 다음 세대로 이어질 수 있도록 돕는 게 더 중요하지 않을까? 역시나 틀린 말은 아니다.

나는 별로 입장이랄 게 없다. 자식이 있어도 좋지만 필수라고 생각하지는 않는다. "살다 보면 별일이 다 생기게 마련이다"라는 쾰른 지방의 격언이 내 인생의 좌우명이기 때문이다. 삶의 만족도 데이터에 따르면 과연 누구의 생각이 옳을까? 아이가 있으면 만족도가 더 높아질까? 여기서 자녀가 있는 집단과 없는 집단을 비교하는 건 무의미하다. 만족도가 더 높은 사람들이 자녀를 출산할 확률도 더 높을 수 있기 때문이다. 이 경우 연관성을 발견할 수도 있지만 아이가 한 사람의 삶에 미치는 영향을 알 수는 없다.

따라서 한 사람의 만족도가 자녀가 늘어남에 따라 자녀가 없던 해에 비해 어떻게 변하는지 알아보는 게 중요하다. 그 결과를 〈그림 2-1〉에서 확인할 수 있다. 앞서 언급한 고정효과 회귀분석을 기반으로 하는 〈그림 2-1〉에서 주목할 것은 표시된 만족도의 변화다.

자녀가 생겼을 때 만족도가 더 높을 것으로 기대했다면 이 수치가 놀라울 것이다. 자녀가 없던 해보다 자녀가 다섯일 때 오히려 만족도가 떨어지는 것으로 나타나기 때문이다. 자녀가 한 명일 때는 자녀가 없을 때보다 만족도가 0.2점 더 높아진다. 하지만 고작

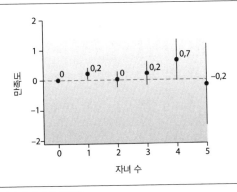

〈그림 2-1〉 **자녀 수에 따른 만족도**

0.2점이 상승한 건 현저한 변화라고 보기 어렵다.

　0.2점 상승은 왜 현저한 변화로 볼 수 없을까? 만족도를 100점으로 환산할 때 1점 미만은 '약함', 1~2점은 '중약', 2~3점은 '중간', 3~4점은 '강함', 4~5점은 '상당히 강함', 5~10점은 '매우 강함', 10점 이상은 '대단히 강함'을 뜻한다. 이런 식으로 표준 점수를 사용하면, 가령 자녀가 삶의 만족도에 미치는 영향과 발코니가 있는 집이 만족도에 미치는 영향을 비교할 수 있다.

　각 수치의 가느다란 선은 무엇을 의미할까? 이는 신뢰구간의 폭을 뜻하며, 사람마다 만족도가 얼마나 다르게 나타나는지를 보여준다. 어떤 사람은 자녀와 함께 있을 때 만족도가 더 높아질 수 있지만, 어떤 사람은 불만족도가 더 높아지기 때문이다. 0점 선상에 걸쳐 있으면 통계적으로 의미가 없다는 것을 뜻한다. 여기에 제시된 만족도 데이터는 8만 3,105명을 대상으로 63만 3,817회의 설문조사를 종합한 것이지만, 자녀가 만족도에 미치는 긍정적·부정적 영향이 '명확히' 드러난다고 볼 수는 없다. 따라서 점수와 더불어 선으로 나타낸 변동폭을 함께 보여주는 것이다. 이 두 가지 정보만 알아도 이 책에서 말하는 통계 수치를 이해할 수 있다.

　〈그림 2-1〉은 한 사람이 자녀가 있을 때의 만족도가 없었을 때보다 그다지 크게 상승하지 않는다는 것을 보여준다. 연구에 따르면 여성 출산율이 감소하는 이유는 만족도가 떨어지기 때문이다.[2] 그런데 설문조사는 부모 중 35퍼센트만 자녀 없이도 행복할 수 있다고 생각한다는 결과를 보여준다.[3] 나머지 65퍼센트는 자녀를 만

족도의 핵심 요인으로 여긴다는 얘기다. 그런데 왜 대다수의 예상과 달리 자녀가 만족도에 미치는 기여도는 적은 걸까?

몇 가지 이유는 배제할 수 있다. 우선 일반적으로 자녀를 갖는 시기에 우연찮게 다른 부정적인 변수가 작용한 탓일 수도 있다. 가령 만족도는 나이가 들면서 점점 떨어지기도 한다. 노화로 인한 불만족이 공교롭게도 자녀를 가진 해에 높아질 수도 있다는 얘기다. 이 같은 변수를 제외하기 위해 나는 나이가 동일한 응답자들을 비교했다. 통계학 용어로 말하면 노화에 따른 불만족이 결과에 영향을 끼치지 않도록 나이를 '고정했다'는 의미다. 응답자가 창피하다는 이유로 불만족을 쉽게 인정하지 않을 가능성도 있다. 설문조사 유형도 중요하다. 일부는 비대면 설문지를 작성할 때보다 대면 설문조사를 할 때 불만족을 솔직하게 인정하지 않는다.

이 같은 방해 요인들 외에도 몇 가지 변수를 감안했다. 가령 자녀가 있다면 결혼한 부부일 가능성이 높고, 따라서 결혼 생활 자체에서 생기는 불만족도가 더 높을 수 있다. 그래서 나는 커플들의 혼인 여부가 영향을 미치지 않도록 조정했다. 자녀가 있는 사람들은 수면이 부족하다거나 서로 교육 수준이 다르다는 요인 등도 변수가 될 수 있다. 자녀가 있는 경우 시골에 거주하느냐 도시에 거주하느냐에 따라서도 만족도가 달라질 수도 있다. 하지만 데이터 분석 결과 이들 요인은 만족도에 영향을 미치지 않았다. 나이, 설문조사 빈도 및 유형, 혼인 상태, 수면, 교육 수준, 거주지와 무관하게 자녀가 있는 해에는 만족도가 떨어졌다. 자녀가 인생에서 매우 중요하다고 말하는 사람조차 만족도가 높아지지 않은 것으로 나타났다. 자녀를 원하는 것과 별개로 자녀 자체가 우리를 행복하게 해주는 건 아니라는 뜻이다.

다만 자녀가 있는 사람의 만족도가 낮다는 결과는 부분적으로 1980년대 설문조사에서 비롯된 것이다. 2010년 이후에 자녀를 가진 경우 만족도가 약간 더 높은 편인데, 이는 다양한 고충에도 불구하고 오늘날에는 예전보다 자녀 양육의 어려움이 상대적으로 덜하기 때문일 것이다. 일부 데이터가 1980~1990년대 설문조사 결과인 탓에 오늘날에도 여전히 유효할지 의구심이 들 여지도 있다. 이를 감안해 나는 추적조사 후반부에 해당하는 기간만 따로 통계를 냈다. 데이터의 절반은 2005년 이전에, 나머지는 그 이후에 수집됐지만 나는 후반부인 2005년 이후의 결과와 그 이전의 결과가 크게 다른 경우에만 초점을 맞추려 한다. 별다른 언급이 없다면 최근 데이터에서의 결과가 이전과 동일하다는 뜻이다.

다시 자녀 문제로 돌아가보자. 자녀가 있는 경우 성별과 연령에 따라 만족도도 달라질까? 다음 그림에서 그 답을 찾아보자.

여성의 경우 한 살 이하의 자녀를 둔 해에 만족도는 약 2점, 남성은 1.2점이다. 그런데 자녀가 두 살이 되면 만족도가 급감하는데, 특히 두 살 이상인 자녀를 둔 여성은 자녀가 없었을 때보다 불만족도가 더 높아진다.

신생아가 삶의 만족도를 높여준다는 사실은 기존 연구에서도 여러 차례 입증된 바 있다. 하지만 두 살이 된 직후부터 만족도가 감

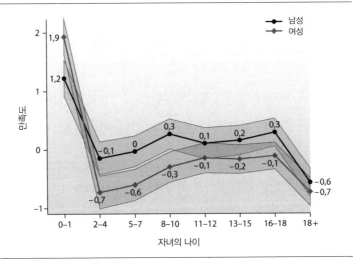

〈그림 2-2〉 **자녀 연령에 따른 만족도**

소한다. 여성이 남성보다 감소폭이 큰 이유는 아마도 여성이 자녀의 긍정적·부정적인 측면을 직접적으로 경험하기 때문일 것이다. 남편이 자녀 양육을 많이 도와줄 경우 여성의 만족도가 약간 높아지는 건 사실이다. 하지만 부부가 똑같이 양육 책임을 분담해 원만한 부부 관계를 유지하는 경우라도 부모의 만족도가 지속적으로 높아지지는 않는다.[4] 자녀가 집밖에 나가 있을 때도 자녀가 없는 부모보다 만족도가 더 높지 않았다.[5]

안타깝게도 얀이 아니라 다니엘이 옳았다. 자식이 있다고 해서 만족감이 더 높아지지는 않는다. 얀이 자녀 출산으로 만족도가 높아지리라고 기대한다면 크게 실망할지도 모른다. 둘째를 낳는 것도 별 도움이 안 된다. 자녀가 아무리 많아도 한 명도 없을 때의 만족감을 능가하지는 못하기 때문이다. 그렇다 해도《엄마됨을 후회함》[6] 같은 유의 책들이 주장하는 것과 달리 자녀가 삶의 만족도를 현저히 떨어뜨리는 건 아니며, 요즘은 자녀 출산을 긍정적으로 보는 편이다. 해괴한 말처럼 들리겠지만 결국 자녀는 부모의 만족도에 아무런 역할도 하지 않는 것처럼 보인다. 자녀를 낳든 말든 상관없다는 말이다.

왜 자녀는 만족도를 높이지 못할까? 한 가지 이유가 있다. 기저귀를 갈아야 한다는 이유도, 야단 칠 일이 많다는 이유도, 양육 부담 때문도 아니다. 그보다 더 진부한 이유 때문이다. 바로 돈이 들어서다. 자녀가 있으면 가진 돈을 아이와 나눠야 하고, 그 결과 자신에게 쓸 돈이 더 줄어든다. 불만족도가 높아지는 이유가 바로 여기에 있다. 〈그림 2-3〉은 가구 구성원의 소득 변화가 없는 상황에서 자식을 더 갖는 것이 부모의 만족도에 어떤 영향을 미치는지를 보여준다.

가구 구성원당 소득이 자녀 출산 후에도 줄지 않는다면 자녀는 분명 만족도를 더 높여준다. 이는 남녀 모두에 해당하며 앞서 논의했던 모든 조건 하에서도 마찬가지다. 하지만 대다수는 자신에게 쓸 돈이 이전보다 더 적어지므로 자녀가 없던 때보다 만족도가 높아지지는 않는다.

여기서 한 가지 의문이 생긴다. 자녀가 있어도 가구 구성원당 소득이 줄어들지 않는다면 만족도가 높아지는 게 이해가 되지만, 애초에 일을 하지 않아 소득이 없는 사람도 자녀가 있을 때 만족도가

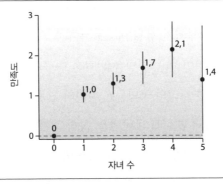

〈그림 2-3〉 **소득이 일정한 경우 자녀 수에 따른 만족도**

높아지는 건 왜일까? 이는 자녀 때문에 손해를 입을 일이 없는 경우로 봐야 한다. 애초에 돈벌이가 없었던 사람이라면 자녀 출산으로 포기해야 할 직장도 없으니 손해 볼 일이 없다. 자녀가 있는 정규직 여성의 불만족도가 훨씬 더 높다는 사실이 이를 뒷받침한다. 고소득 정규직 여성은 자녀가 생기면 손해가 더 크기 때문이다. 반대로 돈을 적게 번다면 자녀로 인한 손해도 상대적으로 적다. 하지만 손해 보는 돈이 적은 편이라도, 적으면 적은 대로 또 절실한 법이다. 자녀 양육에 돈이 든다는 사실 때문에 저소득층과 마찬가지로 고소득층 역시, 특히 고학력자들의 만족도가 현저히 떨어진다.[7] 교육 수준이 높으면 취업의 기회가 훨씬 더 많은데 자녀가 생기면 이 기회를 포기해야 하므로 손해도 더 크다. 자녀는 부모의 삶에 다른 좋은 기회들이 부족한 경우 만족도를 증가시키는 것으로 보인다. 고소득층은 자녀 때문에 손해가 커서 괴로워하고 가난한 사람은 소득 상실로 자녀에게 더 큰 상처를 주기 때문에 괴로워한다.

자녀가 만족도를 떨어뜨리는 이유가 오로지 돈 때문일까? 그건 아니다. 심리학자 토마스 한센(Thomas Hansen)은 자녀가 만족도를 높여준다는 일반적인 대중의 믿음을 최신 연구와 비교한 바 있다. 일반적으로 가난한 나라의 국민들은 자녀가 만족도를 높인다고 생각한다. 그러나 부유한 나라의 국민들, 특히 젊거나 교육 수준이 높은 사람들은 그 반대라고 생각한다. 성공하고 풍족한 사람일수록 현재의 만족도와 자녀의 연관성을 중요하게 생각하지 않는다. 자녀가 부모를 행복하게 해준다는 통념에도 불구하고 정작 전 세계적인 경향을 보면 그 반대가 사실이다. 자녀가 없는 사람보다 있는 사람이 불만족도가 더 높고 자녀 출산 후 불만족도가 더 높아진다. 한부모 가정은 불만족도가 더 높아 평균을 끌어내리는 반면, 기혼자에게는 그 영향이 적어도 부정적이지는 않는 것으로 나타난다. 자녀가 만족도를 높이지 않는 또 다른 이유는, 세간의 인식과는 다르게 자녀가 없는 부부도 충분히 행복한 삶을 누리고 있다는 점이다. 가사노동이 적고 운동과 외출을 더 많이 하며 외식과 취미 생활에 쓸 여윳돈이 있고 친구들 및 가족과 더 자주 만날 수 있으므로 이들은 가계 재정과 결혼 생활에 더 만족해한다.

　　그다지 유쾌하지 않은 사실은, 대다수 부모가 자녀가 있어 좋다고 말은 하지만 실제로는 함께 보내는 시간을 즐기지 않는다는 점이다. 노벨상 수상자인 심리학자 대니얼 카너먼(Daniel Kahneman)은 한 실험에서 피험자에게 최근에 한 일과 그 일을 하면서 느낀 바를 말해달라고 요청했다. '자녀와 함께 시간 보내기'는 가장 좋왔던 15가지 활동 중 11위를 차지했는데, 친구 만나기, 외식하기, 운동하기 등 자녀가 없는 부부가 주로 하는 활동들이 그보다 순위가 높았다. 참고로 1위는 예상대로 섹스가 차지했다.[8] 이렇게 보면 부모는 자기기만에 빠져 있다. 자녀와 함께 시간을 보내는 건 별로 좋아하지 않는데도 자녀가 삶을 풍요롭게 해준다고 생각하는 건인지 부조화다. 돈과 시간, 노력을 그렇게 쏟아부었음에도 만족감이 높아지지 않는다는 사실을 인정하고 싶지 않은 것이다. 사회적 압박 때문에 그렇게 말하는 측면도 있다.[9] 만족도가 높아지지는 않더라도 더 보람찬 일이라는 건 분명하지 않은가? 그럴지도 모른다. 어떤 경우가 됐든 출산의 고통을 견디고 이 세상에 데려온 아이가 만족도를 전혀 높여주지 않는다는 사실은 듣기 거북하다. 스트레스를 피할 수 없다면 적어도 만족도라도 높아져야 하지 않을까.

이런 사실을 알게 됐다고 해서 나를 원망하는 일은 없기를 바란다. 데이터가 말하길 현실이 이렇다는데 나도 별 도리가 없다. 자녀라는 존재가 부정적으로 비춰진다 한들 현실을 그대로 보여줄 수밖에 없다. 하지만 데이터를 있는 그대로 해석하자면 그렇다는 것이다. 재산이 줄어들어도 상관없고 출산에 반감이 없으며 부부 관계가 안정적이고 연령대가 높은 편이라면 자녀가 만족도를 더 높여줄 가능성이 있으며, 적어도 만족도가 떨어지지는 않을 것이다. 자녀 자체는 만족도를 높여주지만 그로 인한 소득 상실은 불만족을 부른다. 이 두 가지 요소가 상쇄되기 때문에 출산 후에 더 행복하지도, 더 불행하지도 않게 된다.[10] 자녀 출산의 장단점을 늘어놓은 뒤라 병주고 약주는 소리처럼 들리겠지만, 그냥 편하게 생각해라. 옳고 그른 건 없다. 자녀를 가지든 안 가지든 장단점은 서로 상쇄된다. 자녀가 생기면 키우면 된다. 어차피 만족도는 별 차이가 없다.

남자들이 자녀를 바라지 않는 것처럼 보이는 이유

내가 아는 유별난 결별 사유를 예로 들어보자. 게오르크는 현재 하는 일이 마음에 든다. 그는 박물관에서 정규직 학예사로 일하고 있고 일을 그만둘 생각이 전혀 없다. 그의 여자 친구 얀테는 비정규직이다. 일자리가 나쁘진 않지만 별로 열정은 없다. 그녀는 아이를 원했다. 그런데 막상 아이가 생기자 금세 실망하고 말았다. 업무량이 많았던 게오르크가 육아에 최대 1시간만 쓰고 싶어 했기 때문이다. 충분한 지원을 받지 못한다고 생각한 그녀는 결국 게오르크와 헤어졌다. 이혼하면 생활이 더 팍팍해질 테니 현명한 결정으로 보이진 않았지만 게오르크에게 실망한 그녀의 심정을 이해 못하는 바는 아니었다. 게오르크의 태도는 이 시대의 아버지상에 걸맞지 않기 때문이다.

과거의 남성들은 자녀 양육을 여성의 일로 치부할 수 있었다. 자녀와 시간을 보내려고 남자가 일을 줄인다는 건 얼토당토않은 생각이었다. 하지만 시대가 바뀌었고 여성이 남성과 마찬가지로 장시간 일할 경우 남성도 당연히 양육을 분담해야 한다. 어쩌면 SOEP 데이터가 이 논쟁을 종결시킬지도 모르겠다. 남성과 여성이 양육을 담당할 때 각각 만족도가 어떻게 변하는지를 보여주기 때문이다. 〈그림 2-4〉는 주중에 남편과 아내가 자녀와 보내는 시간에 따라 각각 만족도가 어떻게 달라지는지를 보여준다.

　남성은 자녀와 함께 보낸 시간이 전혀 없었던 해보다 하루 2시간을 함께 보낸 해에 평균 만족도가 약간 더 높아진다. 하지만 시간이 그보다 더 늘면 만족도는 떨어진다. 주중 자녀와 하루 4시간 이상을 보내는 경우에는 만족도를 알 수 없다. 통계를 낼 수 있을 만큼 남성 응답자의 답변이 많지 않은 데다 그중 95퍼센트는 주중

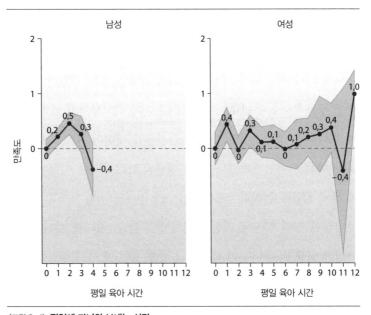

〈그림 2-4〉 **평일에 자녀와 보내는 시간**

에 자녀들과 보내는 시간이 하루 5시간 미만이기 때문이다.

반면 여성은 매일 1시간을 자녀와 보낼 경우 만족도가 약간 더 높아진다. 이보다 시간이 늘어나면 만족도 변화에 뚜렷한 패턴이 발견되지 않는다. 하지만 회색으로 칠해진 신뢰구간이 대부분 0점 선에 분포돼 있는 것으로 보아 실질적인 만족도 변화는 미미하거나 눈에 띄지 않는 수준이라는 걸 알 수 있다. 즉, 자녀와 함께 보내는 시간이 얼마든 만족도 변화에는 일정한 패턴이 없다. 게다가 매일 12시간을 함께 보낼 때 여성의 만족도는 0시간일 때에 비해 겨우 1점 높아진다. 0~100점 척도로 보면 '약함'에 해당하는 수치다.

미미하나마 남성과 여성의 만족도에 차이가 생기는 이유는 뭘까? 대다수 남성 표본이 정규직이기 때문이다. 여성 표본의 경우 정규직·비정규직·무직이 섞여 있다. 하지만 남녀 모두 정규직일 경우에도 여유 시간을 자녀와 함께 보낼 때 불만족도가 높아지는 것으로 나타난다. 특히 남성이 자녀와 함께 보내는 시간이 늘어날 경우 평균적으로 불만족도가 약간 더 높아지는 것처럼 보인다. 남성 대다수가 정규직이라는 요인이 작용한 탓이다. 정규직으로 일하는 여성도 마찬가지였다. 다만 정규직으로 일하는 여성이 그렇게 많지 않았을 뿐이다.

남성이 자녀 양육에 대한 열의가 부족한 건 자녀를 싫어해서가 아니라 일을 더 좋아하기 때문이다. 반면 주중이 아닌 주말에 자녀와 시간을 더 많이 보내는 경우 만족도가 약간 더 높아지는 것으로 나타난다. 이는 〈그림 2-5〉에서 확인할 수 있다.

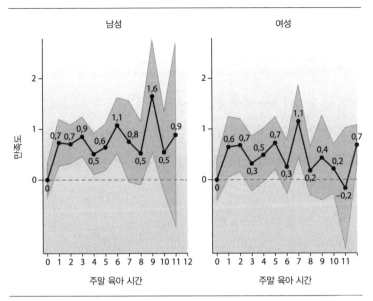

〈그림 2-5〉 **주말에 자녀와 보내는 시간**

 남녀 모두 주말에 최소 하루 1시간을 자녀와 함께 보낸 해에는 만족도가 똑같이 높아진다. 한부모 가정도 마찬가지다. 물론 상관성이 뚜렷하지는 않다. 과학적 연구에 따르면 부모가 자녀와 함께 보내는 시간이 많을 때 만족도는 아주 약간 높아진다. 여타 문헌에서는 남성이 주말에 자녀와 함께 시간을 보낼 경우 여성보다 만족도가 더 높아지는 것으로 나타나는데, 남성은 자녀와 함께 놀면서 주로 '즐거운 활동'을 하지만 여성은 수유, 옷 입히기, 기저귀 갈기처럼 '필수적인 일'을 하기 때문이다.[11]

 이렇게 보면 게오르크가 주중에는 육아에 시간을 적게 쓰고 싶어 한 것도 그다지 놀랍지 않다. 많지는 않지만 이는 정규직 여성도 마찬가지다. 하지만 대체로 만족도에 끼치는 영향은 강하지 않다. 육아를 분담하는 경우도 그렇다. 누가 육아를 더 많이 담당하든 남녀 모두 만족도가 높아지지 않는다. 따라서 누가 양육에 더 많은 시간을 들여야 하는지에 관해서라면 정답은 없다. 여성이 육아를 주로 담당하는 고전적인 형태부터 남녀가 똑같이 육아를 분담하는 평등한 형태, 그리고 남성이 육아를 도맡는 색다른 형태에 이르기까지 남녀의 만족도는 일관되게 높지 않다. 하지만 다음 경우에 관해서는 다르게 나타난다. 바로 가사노동이다.

집안일은 누가 하는 편이 나을까

사회학자 앨리 혹실드(Arlie Hochschild)는 《돈 잘 버는 여자 밥 잘하는 남자》에서 미국의 가정생활을 서글프게 묘사한다. 그녀는 수많은 현대 여성들이 정규직으로 일하고 있지만 여전히 집안일을 도맡는 탓에 불행해한다고 주장한다. 이 책에 제시된 낸시와 에반의 경우도 다르지 않다. 낸시는 집안일과 육아를 전담하지만 에반은 집안일에 손 하나 까딱하지 않는다. 그러자 낸시는 에반을 응징하기 위해 섹스를 거부한다.[12]

    설문조사 결과는 평등한 관계를 주장하는 혹실드의 손을 들어주는 듯하다. 남녀 응답자 모두 가사를 똑같이 분담하는 것이 중요하며 그래야 만족도도 높아진다고 여러 차례 밝히고 있기 때문이다.[13] 하지만 SOEP 데이터에 따르면 여성이 여전히 집안일의 약 4분의 3을 담당하고 있어 1990년대 초 이후로 변한 게 없다는 사실을 보여준다. 혹실드가 묘사한 씁쓸한 현실이 SOEP 데이터로 입증된 걸까? 그렇다면 여성은 집안일을 많이 할수록 불만족도가 높아지는 것으로 나타나야 한다. 〈그림 2-6〉은 주중과 주말에 가사노동을 얼마나 하느냐에 따라 남편과 아내의 만족도가 어떻게 달라지는지를 보여준다.

남성은 집안일을 더 많이 한 해에 불만족도가 약간 더 높아진다. 별로 놀랄 일은 아니다. 그런데 여성은 집안일을 더 많이 한 해

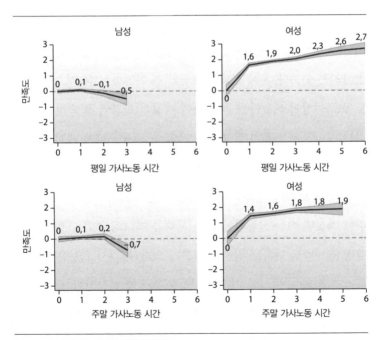

〈그림 2-6〉 **가사노동 시간에 따른 만족도**

에 만족도가 더 높아진다. 이 경우 만족도 수치는 부분적으로 2~3점대이므로 '중간'에 해당한다. 혹실드는 여성이 퇴근 후에도 2교대 근무를 하듯 이어서 가사노동을 해야 하므로 집안일을 하면 불만족도가 높아진다고 가정했다. 하지만 정규직 여성조차 집안일을 더 많이 할 때 오히려 만족도가 높아지는 것으로 나타났다. 혹실드의 추측이 빗나간 셈이다. 여성이 청소를 도맡아하는 것과 남성이 청소를 더 혹은 덜 해서 변화하는 만족도 사이에는 연관성이 없다. 1인 남성 가구의 경우에도 집안일과 만족도의 상관성은 나타나지 않기 때문이다. 반면 1인 여성 가구는 청소를 더 자주할 경우 만족도가 조금이라도 더 높아진다.

왜 이런 결과가 나타나는 걸까? 남성은 집안이 지저분하다고 해서 불쾌감을 느끼지 않지만 여성은 집안이 깨끗하면 만족도가 더 높아지는 듯하다. 혹시 결과가 왜곡된 건 아닐까? 전통적으로 가사노동을 여성이 해왔다는 가정 하에 여성이 건강이 좋지 않은 경우라면 집안일을 소홀히 할 가능성도 있다. 하지만 내가 제시한 데이터는 여성이 건강할 경우를 전제하고 있다. 혹시 자녀가 있으면 집안일이 더 늘어나 만족도가 떨어지는 건 아닐까? 1장에서 살펴본 바에 따르면 이는 설득력이 없다. 게다가 자녀의 수와 고용 상태를 고정했을 때도 만족도에는 큰 변화가 없다. 따라서 의문은 여전히 풀리지 않는다. 여성의 경우 상관성을 왜곡할 가능성이 있는 여러 요인들을 제외했음에도 집안일을 더 하면 만족도가 더 높아지는 것으로 나타나기 때문이다. 더 이상한 건 이뿐만이 아니다. 〈그림

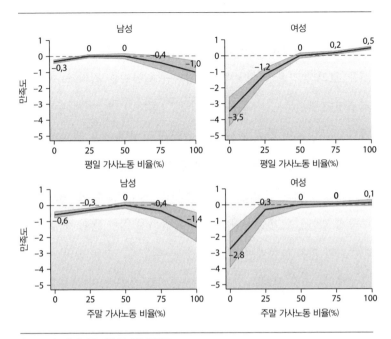

〈그림 2-7〉 **가사노동 비율에 따른 만족도**

2-7〉은 한 남성과 한 여성이 반려자보다 집안일을 더 많이 하거나 더 적게 할 때 만족도가 어떻게 달라지는지를 보여준다.

남편은 집안일을 전부 떠안으면 불만족도가 높아진다. 우선 이는 놀라운 일이 아니다. 울리히 벡(Ulrich Beck)은 남성이 가사노동을 하는 것은 "남성이 반려자의 소원이나 요구를 따른" 결과로, "그저 제한된 자발적인 결정"일 뿐이라고 말한다.[14] 1980년대에 나온 주장인 데다 데이터의 일부도 1980~1990년대에서 가져온 것이 아니냐고 반박할지도 모르니 분명히 밝혀두자면 나는 여기서도 2005년 이후의 데이터를 산출했다. 그래도 결과가 비슷하게 나온

걸 보면 시대가 변했어도 본질적으로 바뀐 것 같지는 않다.

남성이 집안일을 많이 할 경우 특히나 만족도가 떨어진다는 사실은 그리 놀라운 일이 아니다. 하지만 집안일을 전혀 하지 않을 경우에도 불만족도는 약간 높아진다. 그렇다면 반려자와 동등하게 가사를 분담하는 것이 최선이다. 그런데 여성의 경우 결과가 조금 이상하게 나타난다. 여성은 가사노동을 적게 한 해에 특히 불만족스러워하기 때문이다. 불만족도 수치는 '중간~강함'에 해당한다. 주중에 집안일을 반려자와 똑같이 분담하지 않고 혼자 도맡을 때 만족도가 약간 높아지는 경우도 있다. 여기서도 고용 상태, 자녀의 나이나 수, 건강 상태는 고정했으므로 이들 요인이 원인일 수는 없다. 게다가 자녀가 없는 부부도 마찬가지였다. 여성이 심성이 더 좋아서 집안일을 더 많이 한다고 볼 수도 없다. 한 여성이 집안일을 더 하는 경우와 덜 하는 경우의 만족도를 비교한 결과이기 때문이다. 정말로 여성은 반려자보다 집안일을 '더 적게' 하면 '더 불만족스러워'할까?

조지 애컬로프(George Akerlof)와 레이첼 크랜턴(Rachel Kranton)의 정체성 이론이 그 이유를 설명해준다.[15] 이 이론은 사람들이 특정한 정체성을 지니고 있다고 주장한다. 이를테면 우리가 스스로를 남성, 여성, 펑크족, 군인, 독일인 등으로 규정한다는 것이다. 우리가 보고 있는 이 결과는 성 정체성이라는 관점에서 설명 가능하다. 물론 자신이 지향하는 성 정체성이 아니라 실제로 지니고 있는 성 정체성 말이다. 남성과 여성은 설문조사에 응답할 때 집안일을 똑같이 분담하는 것이 중요하다고 답할 수 있다. 사람들은 설문조사에서 그렇게 답해야 바람직하다고 생각할 것이고, 또한 그렇게 똑같이 분담하는 사람으로 보이고 싶어 할 것이기 때문이다. 데이터 역시 가사를 똑같이 분담해야 만족도가 높아진다는 사실을 보여준다. 하지만 남성이 여성보다 집안일을 더 많이 할 경우 그 관계는 여성이 집안일을 책임지는 평범한 관계와 배치된다. 남성이 집안일을 도맡는다거나 설문조사에서 그렇게 하는 게 좋다고 답한다면 유별나 보이리라고 지레짐작하는 것이다. '설문조사'에서 반려자의 장점으로 여겨지는 것과 '현실 세계'에서 반려자의 장점으로 여겨지는 것에는 괴리가 있다. 미국에서 실시된 설문조사에 따르면 부부가 집안일을 똑같이 분담할 때 성관계도 악화되는 것으로 나타났다. 여성은 남성이 남성답게 행동할 때 마음에 들어 하고 남성은 여성이 여성성을 발산할 때 마음에 들어 한다는 것이다. 치마를 입는 남성을 매력적이라고 생각하는 여성은 거의 없고, 자신보다 목소리가 저음인 여성을 원하는 남성은 없다는 것도 같은 맥락이다. 전형적인 성 역할과 일치하지 않을 경우 성적 호감은 사라진다. 말은 아니라고 하지만 내심 성적 고정관념에 부합하는 반려자를 바라는 것이다.

이는 여타 연구 결과와도 정확히 일치한다. 가령 경험적 연구 결과들에 따르면 여성은 남성보다 소득이 더 늘면 집안일을 더 많이 한다. 왜일까? 이는 고정관념에 부합하는 성 역할을 되찾기 위한 보상 행위다. 전형적인 여성성과 전형적인 남성성을 지키고 싶어서라는 것이다.[16] 경제학 관점에서 보면 이는 전혀 타당하지 않다. 경제학에 따르면 가구의 소득을 최대치로 끌어올릴 수 있도록 시간당 소득이 더 높은 사람이 더 오래 일하는 게 낫다. 그런데 데이터를 보면 사람들은 경제학적 논리에 따라 생각할 때가 아니라, 남성이 여성보다 집안일을 더 많이 하는 경우처럼 고정관념에 부합하는 성 역할을 따르지 않을 때 만족도가 떨어지는 것으로 나타난다. 나는 남성과 여성의 성 역할이 정해져 있으며 50년 후에도 변함없으리라는 말을 하려는 게 아니다. 경험적 사회학자로서 데이터에 따르면 여성들이 가사노동을 적게 하면 이상하게도 만족도가 떨어진다고 말할 수 있을 뿐이다.

이는 무엇을 뜻할까? 남성은 가사노동을 하지 않아도 된다고 정당화하는 것도, 여성이 혼자 가사노동을 도맡는 게 좋다고 권장하는 것도 아니다. 내 목적은 데이터에 근거해 자기만의 관점을 만들어 나갈 수 있는 기회를 제공하는 것이다. 남편보다 아내가 집안일을 더 많이 한다면 평범한 부부상에 가깝고, 그중 대다수가 실제론 불만족도가 높지 않다는 사실을 알아두는 것도 유용할 때가 있다. 그게 옳은지 그른지는 내게 중요한 문제가 아니다. 앞서 언급했듯 나는 우리가 원하는 세상이 아니라 현실을 있는 그대로 보여줄 뿐이다. 여러분은 지금쯤 어떤 결론을 도달했는가? 그 결론이 옳든 그르든 50년 뒤에도 변치 않을 거라고 생각하든 여러분이 결정할 문제다. 내가 할 수 있는 일은 데이터를 제시하는 것이며, 이 데이터는 대다수가 옳다고 여겨지는 행동을 할 때 오히려 만족도가 떨어진다는 사실을 보여준다.

최적의 출산 시기는 언제일까

최적의 출산 시기는 젊은 남녀 모두의 관심사다. 물론 아이가 생기는 순간 인생은 끝난다는 말도 틀리진 않다. 자녀 출산 시기에 대한 조언은 차고 넘치지만 대다수가 객관적인 데이터와는 관련이 없는 주관적 의견이다. 〈슈피겔(Spiegel)〉은 "여성들은 직장과 가정 모두 가질 수 있지만, 그래도 아이는 일찍 가지는 게 좋다"라고 보도한다. 여기서 '일찍'은 20대 초반을 말한다. 반면 〈디벨트(Die Welt)〉는 "안정적이고 편안한 육아 환경을 제공할 수 있다는 점에서 고령 출산도 장점이 있다"라고 보도한다.[17] 다양한 의견이 혼재하지만 뭐가 옳은지 알 수 없으니 별반 도움이 안 된다. 그래서 최적의 시기는 언제란 말일까? 첫 자녀를 출산한 시기에 따른 남성과 여성의 만족도 변화를 보여주는 〈그림 2-8〉이 그 실마리를 제공한다.

30대 중반에 첫 자녀를 출산한 남성·여성 집단은 그 이후로 만족도가 훨씬 더 높아지지만 그보다 젊은 부모들은 불만족도가 더 높아지는 경향이 뚜렷하게 나타난다. 그 만족도가 어떻게 변하는지는 확인할 수 없다. 첫 자녀 출산은 단 한 번뿐인 경험이므로 비교 대상이 없기 때문이다. 따라서 자녀를 더 일찍 출산한 사람과

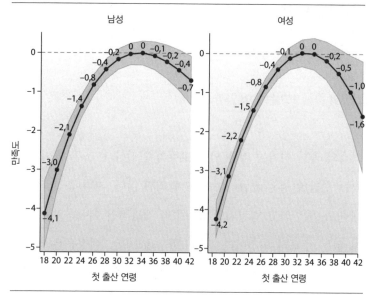

<그림 2-8> **첫 출산 연령에 따른 만족도**

늦게 출산한 사람만 비교할 수 있다. 다만 비교적 젊은 부모는 자녀 출산 전부터 불만족도가 더 높을 수 있다. 이 경우 출산 후에도 불만족도는 변함이 없기 때문에 최적의 출산 시기를 정확히 밝히기가 어렵고 결국 불만족도가 높은 사람이 더 자녀를 일찍 출산한다는 결과로 나타날 수 있다. 또 젊은 부모가 저학력자나 저소득자라면 불만족도가 더 높을 가능성도 있다. 이 변수들을 제외하기 위해 여기서는 소득 수준과 학력, 자녀 출산 때까지 만족도가 같았던 경우를 비교했고, 그 결과 자녀 출산 전의 만족도나 소득, 학력과 무관하게 30~36세에 첫 자녀를 출산한 경우 출산 후 만족도가 높아지는 것으로 나타났다. 여타 연구도 결론은 비슷하다. 부모가 중

년인 경우에는 나이가 어린 부모나 노령의 부모보다 우울증에 걸릴 확률이 더 낮다. 안정적인 부부 관계와 대학 학위, 정규 일자리를 확보하기 전까지는 아이를 갖지 않는 것이 무엇보다 중요하다. 연구 문헌에도 나와 있듯 이는 여성보다 남성에게 해당하고, 여성은 나이가 들어 자녀를 출산하는 것이 더 낫다.[18]

혹시 어린 나이에 출산하는 경우 계획에 없던 임신이 흔해서 부모의 불만족도가 높은 건 아닐까? 이 역시 배제할 수 없다. 하지만 출산을 계획한 경우에도 30대 초반에 부모가 된 사람들이 그보다 일찍, 혹은 더 늦게 부모가 된 사람들보다 만족하는 경향이 있다.[19] 자녀를 일찍 출산하면 불만족도가 높다는 징후는 있다. 28세 미만 남성은 첫 자녀 출산 전후로 만족도가 평소보다 더 높아지지 않는다. 반면 28세 이상 남성은 자녀 출산 후 적어도 단기적으로는 만족도가 높아진다. 쉽게 말해 남성은 자녀를 일찍 낳으면 윤택한 삶을 누릴 수 없다.

자녀는 어떨까? 부모가 더 젊으면 자녀에게 이득일까? 과거에는 그랬다. 20세기 중반까지는 더 젊은 부모의 자녀가 더 똑똑했다. 하지만 지금은 정반대다. 부모가 나이가 많으면 자녀가 더 똑똑할 뿐 아니라 키도 더 크고 더 건강하다. 과거에는 어머니가 나이가 많은 경우 이미 출산을 여러 번 한 뒤라 앞서 태어난 형제자매들이 많았고 출생 순서상 나중에 태어난 자녀에게 돌아가는 자원은 적을 수밖에 없었다. 반면 오늘날에는 나중에 태어난 자녀들이 대부분 교육 혜택을 받은 어머니 밑에서 자라기 때문에 더 똑똑하다. 게다가 더 많은 교육 기회, 안전, 부를 제공하는 더 나은 세상에서 태어나기 때문에 자녀 입장에서도 더 이득이다. 터무니없는 소리처럼 들리겠지만 경험적 연구로 입증된 사실이다.[20]

혹시 최적의 출산 시기는 생물학적 나이가 아니라 직장 생활을 시작하는 시점과 연관돼 있는 건 아닐까? 실제로 여성은 직장 생활을 시작하고 6년 뒤에 첫 자녀를 출산하면 만족도가 좀 더 높아진다. 남성은 직장 생활 초기에는 자녀를 갖지 않는 게 만족도를 높이는 데 유리하다. 데이터에 따르면 여성은 직장 생활을 경험하기 전에 첫 자녀를 출산할 경우 만족도가 떨어진다. 어린 부모는 불만족도가 더 높기 때문이다. 따라서 여성은 일자리가 안정되면 첫 자녀를 갖는 것이 좋다. 이를 위한 적정 연령은 30대 초중반이다. 이는 무슨 뜻일까? 단순하다. 30~36세에 자녀를 출산하는 것이 가장 좋고, 남성은 그 이후에 자녀를 갖는 게 좋다는 말이다. 중요한 건 (너무) 일찍 낳지 않는 것이다.

최적의 결혼 시기는 언제일까

대다수는 누군가를 만나 사랑에 빠지면 금세 결혼식을 올린다. 우연히 만난 상대를 좋은 배필로 생각하기 때문이다. 동화나 디즈니 영화나 문화산업도 이런 낭만적 관념을 머릿속에 주입시킨다. 결혼을 서두르는 게 과연 좋은 생각일까? 답이 이미 머릿속에 떠올랐

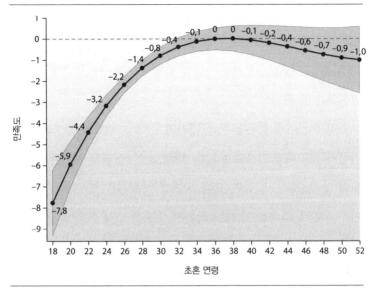

<그림 2-9> 초혼 연령에 따른 만족도

을 것이다. 디즈니 영화가 주입시키는 환상과는 무관하게 30대 초반 전까지는 결혼하지 않는 게 좋다. 왜일까? 혼인 연령에 따른 만족도를 보여주는 〈그림 2-9〉를 보면 그 이유를 알 수 있다.

보통 30대 초반이나 그 이후에 결혼하면 만족도가 가장 높다. 반면 일찍 결혼한 사람은 불만족도가 훨씬 더 높아진다. 혹시 일찍 결혼해서 불만족도가 높은 게 아니라 불만족도가 높아서 일찍 결혼하는 건 아닐까?[21] 이 같은 선택 편향을 배제하기 위해 여기서는 결혼 전 만족도가 동일했던 경우만 비교했다. 그 결과 결혼 전 만족도와는 무관하게 더 일찍 결혼할수록 결혼 후 불만족도가 높아지는 것으로 나타났다. 이는 대졸 여부·성별·소득 수준에 상관없이 모든 경우에 동일하게 나타난다. 여타 연구에 따르면 늦게 결혼할 경우 우울증 위험이 낮고, 늦게 결혼한 남성의 경우 자신감도 더 넘치는 것으로 나타난다. 경험적 연구 결과 특히 남성은 늦게 결혼하는 게 좋다.[22]

여러분이 이미 약혼을 한 상태라면 굳이 알 필요는 없지만, 결혼 적령기는 30대 중반으로 보인다. 학력, 소득, 성별을 막론하고 결혼 후의 만족도를 고려하면 30대 중반까지 결혼을 늦춘다고 반대할 이유는 없다. 결혼을 꼭 해야 하는지, 결혼은 언제쯤 해야 좋을지는 혼자서 마음대로 정할 수 있는 문제가 아니다. 혹시 여러분에게 끈질기게 구애하는 사람이 있다면 결혼을 망설이는 이유를 이 책 탓으로 돌려라. 그리고 다음 장을 이어서 읽어보길 바란다. 결혼한 뒤에 어떤 일들이 벌어지는지 확인한 후에 당장 결혼을 취소할지 말지 결정해도 늦지 않을 테니 말이다.

인간은 익숙해지는 동물이다

안과 게오르크를 집으로 초대해 저녁식사를 하던 날, 두 사람이 그렇게 크게 다투리라고는 예상하지 못했다. 이런 날에는 으레 맥주 한 상자를 다 비우고 또 보자는 말과 함께 다음을 기약하며 헤어지는 게 보통이다. 그런데 그 자리에서 안이 희소식을 전했다. 곧 결혼할 거라는 거였다. 게오르크는 결혼을 인생의 실수라고 생각했다. 양육을 소홀히 한다는 이유로 여자 친구에게 결별을 통보받았으니 그럴 만도 했다. 이혼율이 50퍼센트에 육박하는 시대에 결별은 피할 수 없다. 알베르트 아인슈타인도 이렇게 말하지 않았던가. "결혼은 우발적 사건에서 영속적인 것을 만들어내려는 실패한 시도다."

게오르크는 그저 얀이 자신과 같은 실수를 반복하지 않길 바랐다. 하지만 얀은 이를 자신의 판단력과 여자 친구, 인생 계획에 대한 비판으로 받아들였고, 남의 인생에 참견 말라며 조언 따위는 필요 없다고 쏘아붙였다. 게오르크는 굴하지 않고 얀을 부추겼다. 그러는 사이 식사 자리는 엉망진창이 되고 말았다. 나는 두 사람 모두 이해가 됐다. 나라면 얀에게 결혼을 다시 생각해보라는 조언 따위는 안 했을 것이다. 내가 간섭할 일이 아니라고 생각하기 때문이다. 얀은 신중한 타입이었다. 얀의 여자 친구도 마음에 들었다. 수많은 결혼이 이혼으로 끝난다는 게오르크의 말도 맞다. 오랫동안 사귄 커플들을 보면 실제로 행복한 경우는 극소수다. 얀은 물론 자신은 다르다고 생각했을 것이다. 하지만 결혼을 앞두고 있을 땐 누구나 그렇게 생각하는 법이다.

데이터는 뭐라고 할까? 여기서도 기혼 집단과 미혼 집단을 비교하는 건 무의미하다. 평소 불평불만이 많은 사람은 결혼 기회 자체가 희박하다.[23] 따라서 기혼 집단의 만족도가 더 높아 보일 수도 있지만 문제는 결혼 생활 내내 만족도가 높아지느냐가 아니다. SOEP 설문조사 응답자의 대다수는 미혼이었다가 결혼 상대를 만나 정착

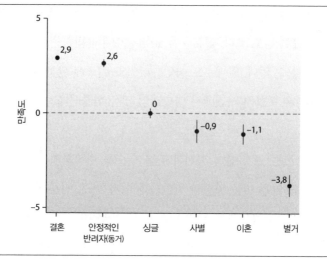

〈그림 2-10〉 **결혼 상태에 따른 만족도**

했으며 일부는 사별을, 일부는 재혼을 했고, 일부는 이혼을 했거나 부부 관계를 유지하고 있다. 설문 데이터를 살펴보면 미혼일 때와 비교해 기혼자의 결혼 상태가 변화함에 따라 만족도와 불만족도가 어떻게 달라지는지를 알 수 있다. 그 결과가 〈그림 2-10〉이다.

그림을 보면 싱글이었을 때보다 결혼한 해에 만족도가 2.9점으로 높아진다. 안정적인 반려자(동거)가 있을 때도 만족도가 2.6점으로 높아졌다. 이는 '중간'에 해당하는 긍정적인 효과다. 반면 사별이나 이혼을 한 해에는 싱글일 때보다 불만족도가 약 1점 더 높아진다. 최악은 결혼을 유지한 상태에서 별거하는 경우다. 이 경우 만족도는 약 4점 하락한다. 기혼일 때 만족도가 가장 높고, 그 뒤를 이어 안정적인 반려자 관계를 유지할 때, 싱글일 때, 이혼과 사별을 겪을 때 순으로 만족도가 떨어진다. 이 사실은 여러 사회에서 공통적으로 발견되는 경향이며 연구로도 입증된 바 있다.[24]

왜 그런 걸까? 연구에 따르면 여성이 이 모든 유형의 남녀 관계에서 남편의 사회적 교류를 매개하는 역할을 하기 때문이다. 아내가 친구들과 저녁식사 약속을 잡으면 남편은 고마운 마음으로 따라나선다. 남성은 여성과의 관계를 통해 타인과 더 많은 교류를 할 수 있어 만족도가 높아진다(자세한 내용은 뒤에서 다룰 예정이다). 남성이 연인과 헤어지면 더 괴로워하는 것도 이 때문이다. 결별을 이유로 극단적 선택을 할 확률도 남성이 여성보다 약 8배 더 높다.[25] 그런데 반려자로 인한 남성의 만족도를 이것으로만 설명할 순 없다. 싱글일 때 친구가 많았던 사람도 결혼 후에 만족도가 더 높아지기 때문이다.

한편 결혼을 하면 공동으로 살림을 꾸리면서 돈도 더 많이 모을 수 있다. 반려자와의 관계 때문이 아니라 이 여윳돈 때문에 결혼의 만족도가 높아질 수 있다는 말이다(이에 대해서도 뒤에서 자세히 다룰 예정이다). 하지만 이 역시 불충분한 설명이다. 미혼 때 경제적으로 넉넉했던 사람들 역시 반려자와 관계를 유지하는 상황에서 만족도가 더 높아지는 것으로 나타나기 때문이다. 그렇다면 나이 때문일까? 사별한 사람들은 대체로 나이가 많고, 따라서 노화로 인한 불만족도가 더 높아질 수 있다. 하지만 여기서는 나이가 같은 사람들을 비교해 이 변수를 제외했다. 그러지 않으면 미혼도 기혼과 마찬가지로 행복하다는 결과가 나타날 수 있기 때문이다. 평균 나이가 29

세라면 그야말로 청춘을 만끽할 때니 인생 최악의 시기로 보긴 어렵다.

따라서 전반적으로 기혼이 만족도가 높다는 결론을 내릴 수 있다. 소득·사회적 교류·나이 등은 고정했으니 만족도에 영향을 미치는 요인으로 볼 순 없다. 그보다는 동거와 같은 안정적인 관계가 만족도를 높이는 것으로 보인다. 안정적인 관계는 그 자체로도 가치가 있다. 연구 문헌 역시 결혼 전에 불만족도가 높을수록 결혼 후에 만족도가 더 높아진다고 밝히고 있다. 이미 만족도가 높다면 결혼이나 안정적인 관계가 새삼스레 득 될 게 없다. 만족도가 높을수록 변화가 가져오는 긍정적인 효과가 삶에 미치는 영향이 적다는 것도 타당하다.[26] 기혼자가 전반적으로 만족도가 더 높다는 것은 연구로 이미 입증된 바다. 그렇다면 여기서 한 가지 의문이 생긴다. 바로 높은 만족도가 얼마나 지속되느냐다.[27] 〈그림 2-11〉은 한 사람이 결혼하기 전과 결혼한 후에 만족도가 어떻게 바뀌는지를 보여준다.

일반적으로 만족도는 결혼 전에 이미 높아진다. 기대효과 때문이다. 결혼 계획은 결혼 1~2년 전부터 세운다는 점에서 기대감이 생길 수밖에 없고, 이 기대감이 만족도를 높인다. 그런데 이 그림은 다르다. 결혼한 해에 만족도가 7년 전보다 5점 가량 급상승한다. 알베르트 아인슈타인의 말이 옳았다. 결혼 후에는 매년 만족도가 떨어지다가 15년차가 되면 불만족도가 더 높아지기 때문이다. 참고로 이혼 전까지 평균 혼인 기간은 15년이다. 연구 문헌의 결론도 요지

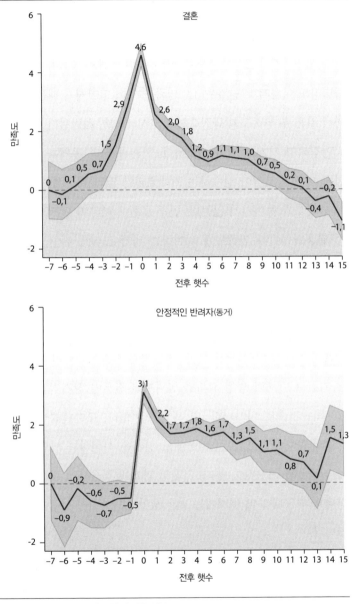

<그림 2-11> **결혼·동거 전후 햇수에 따른 만족도**

는 같다. 즉, 결혼 전에는 만족도가 더 높아지지만 결혼 후에는 만족도는 다시 떨어진다. 결혼 후 별거한 경우라면 불만족도는 언제부터 높아질까? 이 그림만 봐서는 알 수 없다. 결혼 생활을 유지한다 하더라도 어차피 15년차부터는 만족도가 더 떨어지기 때문이다. 이 역시 결혼 후 만족도가 급상승하고 다시 서서히 하락한다.

안정적인 관계도 이와 비슷하다. 결혼과 달리 동거를 시작하기 전에 이미 행복감이 상승하는 기대효과가 없기 때문에 동거 전에는 만족도가 높아지지 않는다. 연구 문헌에 따르면 안정적인 관계는 결혼만큼이나 만족도에 기여하는 바가 크다.[28] 어떤 면에서는 결혼보다 더 장기적인 만족감을 가져다주기도 한다. 더 이상 같이 살기 싫더라도 혼인 관계는 쉽게 벗어나기 어렵지만 동거 관계는 그보다 쉽기 때문이다.[29]

혹시 시대가 바뀌면서 만족도가 달라진 걸까? 2005년 이후인 추적 기간 후반부의 측정 결과만 살펴보면 결혼이 장기적인 만족감을 주는 것으로 나타난다. 내 해석은 이렇다. 오늘날엔 결혼하는 사람이 줄어들었고, 그런 와중에도 결혼을 선택하는 사람들은 보다 신중했을 가능성이 높다. 그래서 과거에 경솔하게 결혼했던 사람들과 비교했을 때 현재에는 결혼 생활에 만족하는 사람이 많아진 것이다.

그런데 왜 결혼은 고작 몇 년만 일시적으로 만족도를 높여주는 걸까? 셀리그먼은 진화론적 관점에서 보면 한 사람과의 안정적인 결합이 의미가 있다고 주장한다. 자식에게는 아버지와 어머니가 둘 다 필요하며, 그래야 유전자가 다음 세대로 전달될 가능성도 더 높아진다.[30] 하지만 결혼이 장기적인 만족도에 득이 되지 않는 이유도 명확해진다. 반려자와의 결합이라는 목적이 달성되고 자녀도 결정적인 고비를 넘기고 나면 새로운 반려자와 새 자녀를 낳는 것이 진화론적 관점에서 타당하기 때문이다. 진화론적으로 자녀들이 부모를 필요로 하는 가장 취약한 단계를 통과하기 전까지는 안정적인 반려자 관계가 만족도를 높여준다. 처음에 서로에 대한 헌신을 다짐할 때는 높은 만족도로 먼저 보상을 받지만, 보상 효과는 점점 약해진다. 이것이 바로 데이터가 보여주는 결과다.

결혼 생활에 적응하기 때문에 만족도가 높아지지 않는 것으로 보일 수도 있다. 하지만 이는 사실이 아니다. 결혼은 수년간 만족도를 높인다. 다만 영원히 지속되지 않을 뿐이다. 얀도 결혼을 앞두고 있으니 기대감이 커지면서 여느 사람들처럼 만족도가 높아질 것이다. 하지만 결혼한다고 해서 만족도가 꾸준히 높아지는 건 아니라는 게오르크의 관점도 옳다. 10년 후 얀의 만족도는 일반적인 수준으로 되돌아갈 것이다. 디즈니 영화가 왕자와 공주의 결혼으로 막을 내리는 것도 다 이유가 있다. 그 이후부터 만족도는 하향세로 돌아서기 때문이다. 결혼 등 긍정적인 사건에 대한 적응은 우리를 괴롭게 만들지만 이혼 등 부정적인 사건에 적응하는 것은 삶을 구원하기도 한다. 〈그림 2-12〉는 이혼하거나 반려자가 사망했을 경우 만족도가 어떻게 달라지는지 보여준다.

삶의 만족도는 반려자가 사망하기 전부터 급격히 떨어진다. 대

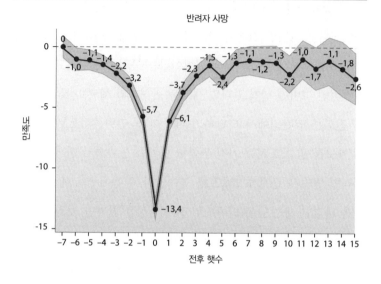

반려자 사망

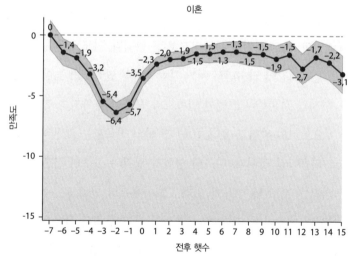

이혼

〈그림 2–12〉 **반려자 사망·이혼 전후 햇수에 따른 만족도**

부분 반려자의 사망은 예측 가능하고, 임종을 지켜야 한다는 생각만으로도 암울해지기 때문이다. 상실을 경험한 해에 만족도는 13점까지 낮아진다. 지금껏 살펴본 수치 중 가장 높다. 세트포인트 이론에 따라 3년 뒤에 만족도는 다시 회복하지만 반려자 사망 이전 수준으로 회복하지는 못한다. 학자들은 이를 '상처 효과(Narbeneffekte)'라고 부른다. 어떤 사건이 매우 심각한 트라우마를 남겨 평생 불만족감을 느끼는 상태를 가리키는 이 효과는 사람이 모든 상황에 완전히 적응하지는 못한다는 점에서 세트포인트 이론의 가설이 틀렸음을 보여준다. 나이가 들면 적응 습성도 약화돼 반려자 사망 이후 상황은 더 악화된다. 70세 이상인 경우 반려자 사망 시 만족도가 결코 회복되지 못하지만 35세 미만인 경우 반려자가 사망한 해에 큰 충격을 받긴 해도 이후 만족도는 이전 수준으로 회복된다.

한편 이혼은 삶의 만족도를 가장 크게 떨어뜨리는 요인이 아니다. 오히려 이혼 전 안 좋은 부부 관계가 불만족도를 약 6점까지 높인다. 반면 이혼한 해에는 만족도가 4점 가량만 낮아진다. 그래도 여전히 '강함'에 해당하는 수치다. 이혼은 최악의 상황이 종결됐음을 의미한다. 그래도 이혼 후 만족도가 장기간에 걸쳐 1~3점 떨어진다는 점에서 상처는 남아 있는 셈이다. 기존 연구들을 종합해 분석한 메타연구에서도 결론은 비슷하다. 결국 삶의 만족도는 결혼하기 전까지 오르다가 다시 떨어진다. 물론 연구마다 강도와 만족도가 변하는 속도는 다르게 나타난다.

연구 문헌에 따르면 사람들은 반려자의 죽음에 어느 정도 익숙해지지만 익숙해지는 과정은 인식하지 못한다고 한다. 사람들은 행복한 사건이나 슬픈 사건이 실제보다 더 오래 만족도에 영향을 미친다고 생각한다.[31]

동거, 이별, 출산, 사별이 만족도에 미치는 영향

우리는 반려자 뿐만 아니라 모든 관계의 종말에 적응한다. 세트 포인트 이론이 오랜 기간 우위를 점해온 것도 그 때문이다. 〈그림 2-13〉의 왼쪽 위 그림은 반려자와의 동거가 결혼 생활을 하는 이들의 만족도와 비슷한 수치임을 보여준다. 반려자와 동거하는 경우 결혼할 가능성도 높아진다는 걸 감안하더라도 이들의 만족도는 결혼한 사람들과 비슷할 정도로 매우 높다. 동거를 시작한 해에 만족도는 5점으로 높아지고 3년이 지나도 2점을 유지한다. 앞서 이혼은 불만족도를 높인다고 했는데, 이 그림에서도 결별이 불만족도를 높인다는 사실을 보여준다. 만족도는 최대 6점 떨어지고 그후 7년이 지나야 결별 4년 전과 같은 0으로 회복된다.

두 번째 줄의 그림은 자녀가 만족도를 높이는 게 아니라 오히려 장기간에 걸쳐 불만족도를 높인다는 사실을 다시금 보여준다. 여기서는 실제 자녀와 함께 사는 것이 사람들을 만족시키는지 여부가 아니라 사람들이 자녀 출산 후에 더 만족하는지 여부를 나타낸

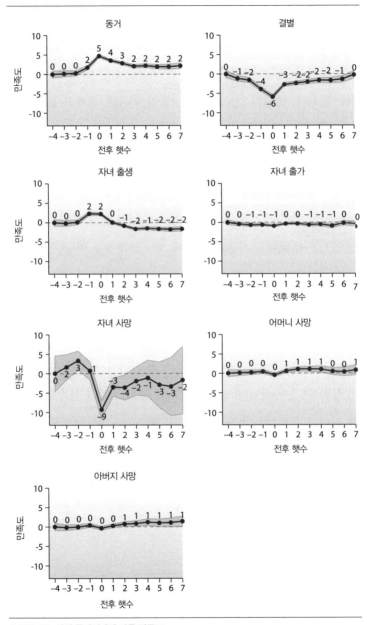

〈그림 2–13〉 삶의 통과의례에 따른 만족도

다. 출산 전에는 2점 더 높아지고 출산한 해에도 2점을 유지한다. 하지만 자녀가 3세가 되면 출산 4년 전보다 불만족도가 2점 더 높아지고 이를 계속 유지한다. 하지만 −2점은 강한 상관성을 나타내지는 않는다. 종래의 연구들도 자녀들이 우리를 '불행하게 하는 이유'가 아니라 '만족도를 높이지 않는 이유'가 수수께끼라고 강조한다.[32] 자녀를 원한다면 이런 결과에 휘둘릴 이유가 없다는 얘기다. 자녀는 삶의 만족도를 약간만 떨어뜨릴 뿐이다. 하지만 만족도가 더 높아질 거라는 기대 역시 금물이다. 자녀가 삶의 만족도에 끼치는 영향은 대체로 크지 않기 때문에 자녀들이 집을 떠난 후에도 불만족도가 더 높아지지는 않는다.

자녀의 독립은 큰 영향을 미치지 않지만 사망할 경우 매우 부정적인 영향을 미친다. 다만 자녀가 사망하는 경우는 드물어 신뢰구간이 상당히 넓다. 즉, 불확실성이 높다. 자녀가 사망한 해에 부모의 불만족도는 9점이다. 남성이 자녀를 잃으면 삶의 만족도는 약 6점 떨어지고 3년이 지나서야 완전히 회복한다. 여성의 경우 12점으로 크게 하락하고 완전히 회복되지도 않는다. 7년 후에도 자녀 사망 전보다 불만족도가 7점이나 더 높다. 즉, 남성은 자녀의 사망에 여성보다 덜 고통스러워하고 그 고통도 단기간만 지속된다. 믿기 힘들겠지만 가혹한 진실이다.

반면 부모의 사망은 삶의 만족도를 그다지 떨어뜨리지 않는다. 자연스러운 삶의 과정이라는 게 그 이유다. 비교적 어리거나 젊을 때 부모가 떠나면 만족도에 부정적인 영향을 끼친다. 30세 미만의 여성은 어머니가 사망할 경우 삶의 만족도가 5점, 아버지가 사망할 경우 3점 낮아진다. 이에 반해 50세 이상의 여성은 부모가 사망해도 불만족도가 그만큼 하락하지는 않는다. 여기서도 거북한 결론이 나온다. 청년층과 노년층은 부모 사망 시 불만족도가 크게 높아지지는 않는다는 것이다. 한편, 여성은 대개 부모와의 관계가 가깝고 특히 어머니와 더 친밀하기에 어머니의 죽음을 더 슬퍼한다.[33]

연구에 따르면 우리는 대부분의 변화에 적응한다.[34] 결혼·동거를 포함한 안정적인 관계 등등은 만족도를 높여주지만 대개는 그 영향이 일시적이며, 이는 남녀가 크게 다르지 않다. 반려자 사망·자녀 사망·이혼·별거 등은 만족도를 현저히 떨어뜨리지만 몇 년 후에는 원상태로 회복되거나 유지한다. 다시 말해 큰 기쁨이든 극적인 변화든 우리는 대체로 모든 일에 적응한다. 적응은 삶의 만족도를 높이는 과정에서 당연히 맞닥뜨려야 할 장애물이기도 하다. 처음에는 좀처럼 익숙해지지 않지만 운명적인 사건을 겪은 후에 비로소 익숙해진다.

자녀, 손주, 조부모가 만족도에 도움이 되지 않는 이유

여러분이 자녀들이 둘러앉을 수 있고 손주들이 그 아래에서 놀 수 있을 만큼 큰 식탁에 앉아 있다고 치자. 부모님도 옆에 계신다. 성격은 제각각이라도 모두들 한 자리에 모이니 흡족하다. 하지만 만족도 데이터를 보면 회의가 들지도 모르겠다. 자녀가 있는 사람은 만족도가 낮기 때문이다. 손주가 있는 경우도 그럴까? 부모님이 있는 경우에도?

집단의 경우 친족이 있으면 만족도가 약간 높아지기도 한다. 하지만 개인의 경우 친족이 사망해도 만족도는 거의 떨어지지 않는다. 〈그림 2-14〉의 검은색 점은 설문조사 시점에 친족이 있었던 집단의 만족도를 나타낸다. 가령 어머니가 없었던 집단과 어머니가 있었던 집단의 만족도가 어떻게 다른지를 알 수 있다. 반면 회색 점은 친족이 없을 때에 비해 있을 때 개인의 만족도가 어떻게 달라지는지를 보여준다. 검은색 점이 다른 집단에 비해 특정 집단이 만족도가 더 높은 것을 보여준다면, 회색 점은 한 사람의 생애에서 어떤 변화가 일어날 때 만족도가 어떻게 달라지는지를 보여준다. 즉, 검은색 점은 한 사회에서 어떤 집단이 더 만족도가 높은지를 알려주고 회색 점은 우리 삶에서 일어난 변화가 개인의 만족도에 어떤 영향을 미치는지를 알려준다.

여기서 검은색 점은 측정 시점에 조부모·부모·자녀가 있는 집단이 그렇지 않은 집단보다 만족도가 약 1점 더 높다는 사실을 보여준다.[35] 놀라운 사실은 손주가 만족도를 전혀 높여주지 않는다는 것이다. 믿기 어렵겠지만 여타 연구에서도 자녀나 손주는 행복한 노년 생활에는 도움이 되지 않는 것으로 밝혀졌다.[36]

반면 개인의 만족도는 전혀 긍정적이지 않고 대부분 0 안팎이다. 즉, 조부모·부모·자녀가 있던 해에는 만족도가 더 높아지지 않는

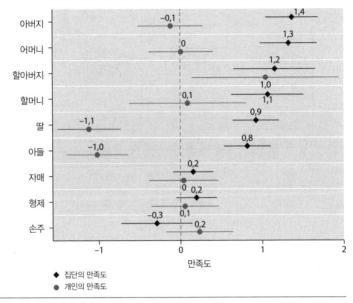

<그림 2-14> **친족 유무에 따른 만족도**

것이다. 다만 할아버지가 있었던 해에는 만족도가 1점 높아진다. 놀라운 건 자녀가 있던 해에 불만족도가 높아진다는 점이다. 참고로 나이나 건강은 제외했다. 할아버지를 제외하면 대체로 친족이 있는 해에는 만족도가 높아지지 않고, 자녀가 있는 해에는 불만족도가 높아진다는 결과는 영 씁쓸하다.

왜 이런 결과가 나타난 걸까? 가족은 우리를 좀처럼 만족시키지 못한다. 만족도는 가족과의 '좋은 관계'에 기인하고, 좋은 관계는 자연스럽게 주어지는 것이 아니다. 게다가 친족과 잘 지내는 집단의 만족도가 더 높은 것으로 보아 조부모·부모·자녀와 더 친밀해지면 만족도가 높아지리라고 짐작하기 쉽다.

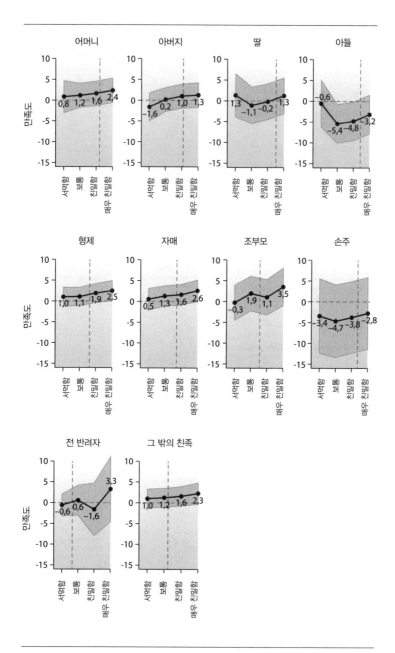

〈그림 2-15〉 **친족과의 정서적 유대 관계에 따른 개인의 만족도**

그러나 다음 그림에 따르면 이는 사실이 아니다. 한 사람이 친족과 관계가 더 좋아진다고 해서 만족도가 꼭 높아지는 건 아니다. 가령 맨 위쪽 그림의 경우 어머니와 관계가 가깝지 않았던 해에 비해 관계가 매우 가까웠던 해에 만족도가 2.4점으로 높아진다. 수직 점선은 가장 일반적인 친밀도를 나타낸다. 평균적으로 어머니와의 관계는 친밀한 편이지만 매우 친밀하지는 않으며 매우 친밀하다고 해도 만족도가 약 2점 높아지는 정도다.

그 오른쪽은 아버지와의 관계를 나타낸다. 아버지와 관계가 매우 친밀한 해에는 그렇지 않은 해에 비해 만족도가 1.3점까지 높아진다. 대체로 친족과 사이좋게 지낸 해에는 만족도가 더 높아진다. 하지만 회색으로 칠해진 신뢰구간에 0이 포함돼 있으므로 상관성이 강한 편은 아니다. 이는 친족과의 좋은 관계가 만족도에 끼치는 영향이 모호하다는 의미다.

따라서 친족들과 잘 지내면 만족도가 높아질 거라고 생각하는 건 오산이다. 그런데도 친족은 없어서는 안 될 존재라고 생각한다. 왜일까? 아버지와 아들이 화해하는 장면으로 끝나는 영화는 왜 그렇게 많은 걸까? 그게 바로 문제다. 영화 속이나 남의 집에서야 친족과 화목하게 지내는 모습이 흔해 보인다. 〈그림 2-16〉은 친족과 늘 친밀한 관계를 유지한 집단이 그렇지 않은 집단보다 만족도가 더 높아지는지 여부를 보여준다. 즉, 한 사람이 친족과의 관계가 더 좋아질 때 만족도가 어떻게 달라지는가가 아니라 친족과 더 좋거나 더 나쁜 관계를 유지해온 일부 집단의 만족도를 나타낸다.

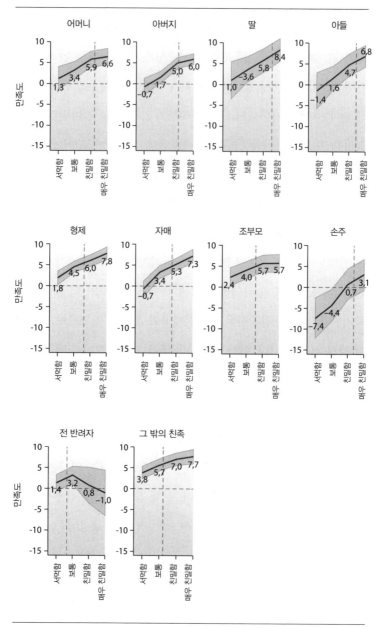

〈그림 2-16〉 친족과의 정서적 유대관계에 따른 집단의 만족도

그림을 보면 친족과 더 좋은 관계를 유지한 집단이 만족도가 높다는 사실을 알 수 있다. 가령 어머니와 매우 친밀한 관계를 형성한 집단은 그렇지 않은 집단보다 만족도가 6.6점으로 가장 높다. 피상적인 관계라도 유지해온 집단은 그렇지 않은 집단보다 만족도가 1.3점 더 높다. 친족과 더 친밀한 관계를 유지하는 집단이 피상적인 접촉만 하는 집단보다 만족도가 더 높다는 결과가 반복적으로 나타난다. 예외가 있다면 전 배우자와의 친밀한 접촉이다. 전 반려자와의 '매우 친밀한' 접촉이 특히 이롭지 않은 이유는 쉽게 상상할 수 있다. 앞선 연구에서도 자녀와 화목하게 지내면 만족도가 높아지는 것으로 나타났다. 다만 그 연구에서 입증된 두 번째 사실, 즉 자녀로 인한 만족도의 상승과 하락은 결국 상쇄된다는 점을 기억하자. 껄끄러운 관계는 만족도를 크게 떨어뜨리므로 친족이 만족도에 미치는 효과는 결과적으로는 평준화된다.[37]

친족과 매우 친밀한 관계를 유지하는 집단은 만족도가 훨씬 더 높다. 그렇다고 해서 친족과의 친밀한 관계가 만족도를 높여준다고 결론 내린다면 집단 간 차이(만족도가 높아지는 집단= 친족과 더 많이 교류하는 집단)를 근거로 한 사람의 만족도를 오판하는 (친족과 더 자주 교류하면 만족도가 높아질 것이다) 우를 범하게 된다.

친족과 늘 화목하게 지내온 집단은 실제론 친족과는 아무 관련도 없는 다양한 이유로 만족도가 더 높아질 수 있는데, 이를 선택 효과(Selektionseffekt)라고 한다. 가령 친족과 친하게 지내는 집단은 성격이 단순하거나 타인과 사이좋게 지내는 성격이거나 우울한 성격이 아닐 확률이 높다. 따라서 이들의 만족도가 높은 건 친족과의 친밀한 관계 때문만은 아니다. 이는 만족감을 더 증진시키는 부수적 요인에 지나지 않는다. 개인의 경우 친족과 더 사이좋게 지내더라도 만족도가 올라가지는 않는다는 연구 결과도 있다.[38]

관계가 유난히 좋을 경우에만 친족은 만족도를 높이는 요인이 된다. 그리고 이는 교육 수준이 높은 친족일 경우 더욱 그렇다.[39] 이 경우 교육 수준이 더 높은 조부모가 손주들과 유익한 시간을 보낼 가능성이 크고, 교육 수준이 낮은 조부모는 손주들의 부모가 충분한 시간을 할애하지 못한 탓에 대신 손주들과 시간을 보낼 가능성이 크기 때문이다.[40]

나는 1991, 1996, 2001년도 데이터만으로 이 같은 결과를 산출했다. 측정 자료가 부족해 통계를 추산하기가 쉽지 않아 불확실성이 크다. 이를 보완하기 위해 나는 친족과 근거리에 거주할 경우 만족도가 높아지는지를 측정해봤으나 만족도에 미치는 영향은 거의 나타나지 않았다. 따라서 친족과의 잦은 교류는 만족도를 거의 높이지 않는다고 볼 수 있다. 하지만 주어진 데이터가 그 상관성을 명확히 밝혀내기는 어려웠다.

어떤 아이가 커서 행복할까

"여러분은 어린 시절을 행복하게 보냈나요?"

이 질문에 긍정적으로 답할 수 있다면 부모와의 갈등이 적었기 때문일까, 학교 성적이 좋았기 때문일까, 바깥에서 마음껏 뛰어놀 수 있었기 때문일까. SOEP는 수천 명을 대상으로 유년 시절에 대한 설문조사를 실시했다. 이 조사 결과를 분석하면 만족도가 높은 사람은 어떤 유년기를 보냈는지 재구성할 수 있고, 이를 통해 자녀를 만족도가 높은 아이로 키우는 데 유용한 정보를 얻을 수 있다. 부모들은 학교 성적이 중요한지, 아이가 스포츠 활동을 하는 게 나은지, 잦은 싸움이 장래에 부정적인 영향을 끼치는지 알고 싶어 한다. 학교 성적이 뛰어난 경우 성인이 되고 나서 정말 만족도가 높아지는지부터 알아보자. 〈그림 2-17〉은 국어·수학·제1외국어의

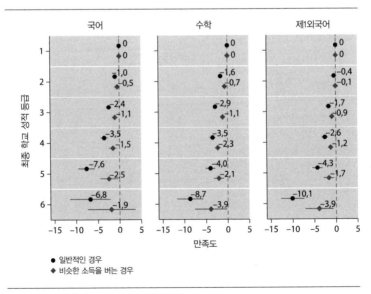

〈그림 2-17〉 **최종 학교 성적에 따른 성인(30세 이상)의 만족도**

최종 성적이 성인이 된 후 느끼는 만족도와 어떤 상관성이 있는지를 보여준다.

요컨대 학교 성적은 만족도와 상관성이 높다. 왼쪽 그림의 검은색 점은 국어 최종 성적이 5등급일 때 성인이 된 후 불만족도가 7.6점까지 높아진다는 것을 뜻한다. 수학과 제1외국어 성적 역시 영향은 덜하지만 훗날의 만족도를 예측하는 데 도움이 된다.

회색 점은 학교 성적은 뛰어났지만 현재 소득이 그다지 높지 않은 경우라도 만족도는 높다는 것을 보여준다. 그러나 상관성은 상대적으로 약한 편이다. 성적이 좋았던 경우 고소득 일자리를 가질 수 있어 현재도 만족도가 더 높다. 그런데 비슷한 소득 상황에서도 이 같은 결과가 나타난다는 것은 성인이 되고 나서 소득이 더 많아지지는 않더라도 과거 학교 성적이 더 좋았다면 만족도가 약간 더 높다는 것을 의미한다.

하지만 이는 집단 비교라는 데 유의해야 한다. 이 데이터로는 과거 학교 성적이 더 좋았을 때 개인의 만족도도 높아질지는 알 수 없다. 하지만 개인의 경우에도 성적이 향후 만족도를 높여준다는 증거는 있다. 부모의 극성스러운 교육열 때문에 학업 성취도가 높았던 자녀는 훗날 만족도가 더 높아지기 때문이다. 〈그림 2-18〉을 보면 부모의 성적 압박이 심했다고 답한 경우 부모가 전혀 간섭하지 않았던 경우보다 현재 만족도가 4.6점 더 높다. 회색 점은 부모의 교육열에 떠밀려 학업 성취도가 높았던 경우 소득이 더 높지 않더라도 현재 만족도는 더 높다는 것을 보여준다.

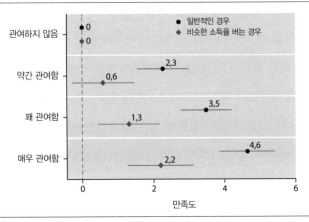

〈그림 2-18〉 **부모의 학업 관여도에 따른 성인(30세 이상)의 만족도**

　여기서 주의해야 할 건 이 데이터가 성인이 된 후 어린 시절을 회상하며 응답한 결과라는 점이다. 만족도가 높은 경우 부모가 학교 성적에 관심이 높았다는 사실이 더 또렷하게 기억나는 것일 수도 있다. 학업 성취도보다 중요한 건 갈등 없는 부모 자식 관계다. 〈그림 2-19〉는 15세 때 부모와 얼마나 자주 갈등을 겪었는지에 따라 30세 이후의 만족도가 어떻게 달라지는지를 보여준다. 기준은 부모와 전혀 불화하지 않는 관계다. 즉, 부모 자식 간에 갈등이 전혀 없는 관계에 비해, 부모가 없거나 부모와 다소 갈등을 빚은 경우 만족도가 더 높아지는지를 알 수 있다.

　아버지가 없는 경우 아버지와 갈등이 없었던 경우보다 불만족도가 2.3점 더 높다. 반면 아버지와 불화가 잦았던 경우 그렇지 않았던 경우보다 오히려 불만족도가 3.8점 더 높다. 이 결과만 보면 아버지와 이따금 충돌했던 경우보다 아버지가 없는 경우가 더 낫다는 다소 황당한 결론이 도출된다.

이상한 건 어머니와의 관계가 아버지와의 관계보다 중요하지 않은 것처럼 보인다는 것이다. 어머니와 불화가 잦았던 경우 그렇지 않았던 경우보다 불만족도가 2.6점 더 높다. 그런데 어머니가 없는 경우 어머니와 갈등이 없었던 경우보다 불만족도는 고작 1.1점 더 높다. 이 역시 황당하게 들리지만 데이터만 보면 부모가 없는 사람이 부모와 사이가 나쁜 사람보다 만족도가 더 높은 것처럼 보인다.

어쩌면 인과관계가 없을지도 모른다. 어떤 결과가 다른 결과와 관련돼 있고 결과의 조건이 되는 경우에는 인과관계가 있다고 본다. 하지만 우리 눈에 보이는 건 겉으로 드러나는 변화뿐이다. 따라서 영향을 주고받는 관계가 성립하는지를 잘 따져봐야 한다. 여기서는 어린 시절에 부모와 불화했던 사람이 훗날 불만족도가 높아진다는 점이 드러난다. 하지만 과거의 불화 때문에 불만족이 높아진다고 해서 불화가 없었다면 만족도가 높아졌으리라고는 볼 수 없다. 그보다는 불만족도가 높은 사람들이 불화했던 경험을 더 선명하게 기억하기 때문일 수도 있다. 다른 인과관계도 가능하다. 즉, 불화가 잦았기 때문에 훗날 불만족도가 높아지는 것이 아니라 현재 불만족도가 높은 사람들이 당시에도 불만족도가 높았고 그래서 불화가 잦았던 건지도 모른다. 그렇다 하더라도 상관성이 있다는 사실은 변함이 없다. 다만 어떤 조건 때문에 그런 결과가 나타나는지 정확히 알 수 없을 뿐이다. 가령 상대방이 현재 행복한지 알고 싶다면 학창 시절 성적은 좋았는지 부모와는 사이가 좋았는지 물

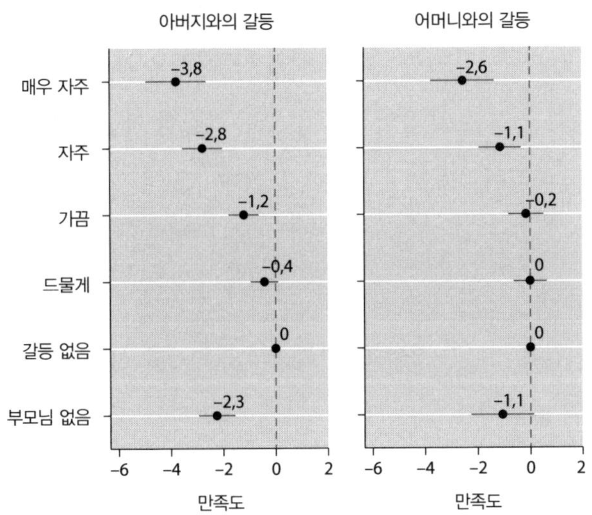

〈그림 2-19〉 **15세 때 갈등 빈도에 따른 성인(30세 이상)의 만족도**

어보면 된다. 일반적으로는 이 답변으로 그 사람의 만족도를 가늠할 수 있다. 하지만 잦은 불화와 학업 성적이 향후 만족도에 직접적인 영향을 끼치기 때문인지 그 밖의 다른 이유 때문인지는 단언할 수 없으며, 실제로 알 필요도 없다. 여기서는 단지 관련성에만 초점을 둘 뿐이다.

가령 부모가 스포츠 활동이나 음악 수업 등을 강요했을 경우는 어떨까? 이 경우 상관성은 드러나지 않는다. 어렸을 때 음악이나 스포츠 활동을 한 경우 성인이 되고 나서 만족도가 각각 1.8점 더 높지만 소득을 확인해보면 상관성이 없어 보인다. 스포츠나 음악 활동을 많이 시킨 자녀는 향후 소득이 높은 일자리를 얻고 소득이 높으면 만족도도 더 높아지지만, 음악이나 스포츠 활동이 반드시 고소득 직업으로 이어지는 것도 아니고 간접적으로 만족도가 더 높아지는 것도 아니다. 오히려 나는 '좋은 가정'이 훗날 더 많은 소득과 스포츠 및 음악 활동을 모두 제공할 가능성이 크다고 생각한다. 따라서 소득과 무관하게 조기에 스포츠 및 음악 활동을 시킨 경우 성인이 된 후의 만족도에 얼마나 영향을 미치는지는 판별할 수 없다.

요컨대 자녀가 훗날 더 만족스러운 인생을 사는 데는 갈등이 적은 가정 환경과 좋은 성적, 성취를 격려하는 것은 유용하지만 '방과 후' 활동이 유용하다는 근거는 없다.

3장

돈, 얼마나
벌어야 할까

지금까지 여러 형태의 가족 별자리(Familienkonstellation, 가족 구성원 간의 관계나 개별 구성원의 위치에서 생겨나는 가족 내에서의 상황-옮긴이)에서 사람들의 만족도가 언제 가장 높은지를 알아봤다. 두 번째로 살펴볼 주제는 바로 돈벌이다. 이 장에서는 만족도를 높여주는 소득은 얼마인지, 사회생활을 시작할 최적의 시기는 언제인지, 남편과 아내 중 누구의 소득이 높은 게 나은지, 재산을 모으는 것이 가치가 있는지, 근무 시간은 어느 정도가 적당한지, 교육 수준과 저축이 만족도에 영향을 미치는지, 직장을 그만둬도 좋은 때는 언제인지, 통근이 불만족도를 높이는지에 대해 알아볼 것이다.

돈은 많을수록 쓸모가 없어진다

어느 자선가가 여러분에게 매달 2,000유로씩 평생 준다고 치자. 여러분은 만족도가 엄청나게 높아지리라고 예상하겠지만 실제로는 상상하는 것만큼 만족도에 큰 영향을 미치지 않는다. 언뜻 당연해

보이는 상반되는 두 가지 이유가 작용하기 때문이다.

우리 생각과는 달리 돈이 만족도를 높여주지 않는 첫 번째 이유는 우리가 돈에 매우 빠르게 적응하기 때문이다. 나는 학창 시절만 해도 매달 1,500유로(약 213만 원)만 벌 수 있다면 부자가 되리라고 생각했다. 지금은 그보다 훨씬 많이 버는데도 뛸 듯이 기쁘기는커녕 오히려 그전보다 돈이 더 많이 필요하다. 돈이 많을수록 욕망도 커지기 때문이다. SOEP가 독일인을 대상으로 현재의 재산과 최소한의 생활비를 조사한 데이터를 보면 우리는 돈이 만족도에 끼치는 영향을 알 수 있다. 두 질문의 응답을 분석해 통계를 낸 결과, 임금이 연간 약 1,000유로(약 142만 원) 인상돼도 실제로 체감하는 인상액은 600유로(약 85만 원)인 것으로 나타났다. 왜일까? 인상된 금액에 따라 생활방식을 재빨리 바꾸기 때문이다. 1,000유로를 추가로 벌면 1년 내에 400유로(약 56만 원)를 더 쓰는 생활방식에 빠르게 적응해 사실상 소득 증가액의 40퍼센트를 잃게 된다. 예를 한번 들어보자. 나는 도시락을 싸오지 않고 점심시간에 외식을 한다. 예전에는 특별한 일이 있을 때나 이따금 외식을 했지만 지금은 도시락을 싸오는 게 오히려 이상할 정도다. 대학 시절 친구들과 달리 지금 내 직장 동료들은 도시락을 싸오지 않는다. 나가서 사 먹는 게 더 자연스러운 일처럼 느껴지지만 외식을 한다고 해서 더 행복하다는 생각은 딱히 들지 않는다.

대다수는 만족감을 느끼기는커녕 무의식적으로 돈을 점점 더 많이 쓴다. 임금이 인상된 후에는 그보다 적은 돈으로 어떻게 살았는지 상상조차 하지 못한다. 여러분은 어떤가? 학창 시절 생활비로 살 수 있는가? 지금 여러분의 수중에는 훨씬 더 많은 돈이 있다. 그렇다고 사치하면서 사는 것 같지도 않다. 돈으로 사들이는 물건도 마찬가지다. 경제학자 리처드 이스털린(Richard Easterlin)은 사람들이 수영장, 자동차, TV, 별장 등의 물건을 구입하고 소유하는 순간 특별한 감정이 사라져 버린다고 말한다. 쇼핑을 통해 찰나의 짜릿한 쾌감을 느끼는 것으로 끝이다. 멋지게 살아보고 싶다는 욕망에 사로잡혀 더 많은 것을 원하고 절대 손에 넣을 수 없는 것을 좇다가 어느새 덫에 걸리고 만다.[1] 우리는 이 덫이 무엇인지를 분명히 알아야 한다. 무엇을 사는가는 중요하지 않다. 무엇에든 곧 익숙해진다는 사실이 중요하다.

돈이 만족도를 높여주지 않는 두 번째 이유는 경제학자들이 흔히 말하는 '한계효용체감의 법칙' 때문이다. 사막 한복판에서 타는 듯한 갈증으로 죽기 일보 직전이라고 치자. 첫 번째 물병은 여러분의 목숨을 구해줄 것이다. 두 번째 물병은 갈증을 해소해줄 것이다. 세 번째 물병은 있으나마나다. 물병이 추가될 때마다 만족감은 이전만 못하다. 돈으로 살 수 있는 것도 마찬가지다. 당장 먹을 음식이 없어 돈이 절실한 사람들에게는 약간의 돈이 큰 만족감을 준다. 하지만 값비싼 고기보다 훨씬 더 비싼 바닷가재를 사 먹는 사람은 만족감을 거의 느끼지 못한다. 자동차가 없어 편하게 출퇴근할 수 없고 친구들도 만나기 어려운 사람은 만족도가 떨어지지만 똑같은 자동차를 한 대 더 장만하는 사람은 만족도가 그보다 더 떨어진다.

돈이 많을수록 필수품을 구매하는 일은 드물다. 그리고 현재 가진 것에 차츰 익숙해진다. 굶주림에는 절대 익숙해지지 않지만 비싼 자동차와 비싼 음식에는 익숙해진다.

그 한계는 대체 어디일까? 돈이 삶의 만족도를 높여주는 한계는 어디이고 돈에 익숙해져 쓸데없는 물건을 사들이는 때는 과연 언제일까? 이 경우 고소득자의 만족도가 높은지를 알아보는 것은 무의미하다. 〈그림 3-1〉은 건강 상태·고용 상태·연애 상태·교육 수준은 동일하고 소득만 변할 때 개인의 만족도가 어떻게 바뀌는지를 보여준다.

다른 조건이 바뀌지 않은 상태에서 소득이 최초로 증가하면 만족도가 높아진다. 소득이 2,000유로까지 높아지면 만족도는 4점이다. 그런데 그 2배인 4,000유로(약 568만 원)로 증가하면 만족도는

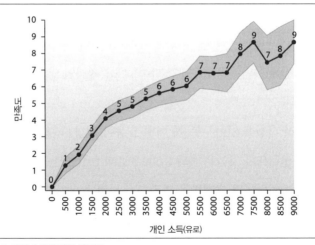

〈그림 3-1〉 **개인 소득에 따른 만족도**

그 2배인 8점이 아닌 6점이다. 다시 2,000유로가 더 증가해 6,000유로(약 852만 원)가 되면 만족도는 7점이 된다. 엄청나게 큰돈인 월 7,000유로(약 994만 원)부터는 만족도와 소득의 상관성도 약해진다.

건강 상태·교육 수준·결혼 여부 등 개인별 차이를 제외한 경우에도 소득이 2,000유로 더 증가한 경우 만족도는 5점으로 나타난다. 하지만 2,000유로가 다시 증가하면 추가로 2점, 또다시 2,000유로가 증가하면 추가로 1점 상승하는 데 그친다. 보수가 더 좋은 일자리를 얻거나 건강이 좋아져 일을 더 많이 할 수 있게 된 경우 소득이 더 높아질 수 있다는 점을 감안하더라도 돈은 과거에 형편이 넉넉하지 못해 어렵게 살았던 경우에만 만족감을 높여준다.

여러분이 매달 2,000유로를 더 벌면 만족도가 어떻게 바뀔까? 현재 가진 돈이 얼마냐에 따라 달라진다. 수중에 1,000유로가 있다면 만족도는 3점 더 높아질 것이다. 하지만 이미 매달 2,000유로를 벌고 있다면 2,000유로가 더 늘어도 만족도는 2점만 오른다. 3,000유로(약 426만 원)가 있다면 만족도는 고작 1점 더 높아진다. 소득 증가는 그전에 가난했던 경우에만 만족도에 긍정적인 영향을 끼치기 때문이다.

이런 사실을 알아두는 게 어떤 도움이 될까? 파티에서 만난 경영 컨설턴트가 자신은 매달 8,000유로(약 1,137만 원)를 번다고 자랑삼아 얘기한다면 그래봤자 만족도는 전혀 높아지지 않을 테니 다 쓸데없는 일이라고 당당하게 말해줄 수 있을 것이다. 그렇다면 돈을 얼마나 가지고 있느냐보다 어디에 쓰느냐가 더 중요한 걸까?

데이터에 따르면 그렇지는 않다. 식품·외식·의류·화장품·건강·문화·취미 활동 등 돈을 어디에 더 많이 쓰든 만족도는 높아지지 않는다. 만족도를 높이고 싶다면 기부가 최고다. 그냥 하는 말이 아니다. 대표적인 설문조사 결과에 따르면 소득 수준과는 무관하게 소득의 큰 비중을 기부금으로 지출할 때 만족도가 더 높아진다. 이는 실험을 통해 입증된 바 있다. 피험자들은 오전에 자신의 만족도가 몇 점인지 말한 뒤 실험자로부터 5~20달러를 건네받아 오후에 자신을 위해서든 타인을 위해서든 돈을 다 쓰라는 요청을 받았다. 몇 시간 후 응답을 종합한 결과 타인에게 돈을 준 사람들의 만족도가 더 높은 것으로 나타났다. 금액이 많고 적고는 중요하지 않았다. 그런데도 왜 사람들은 기부를 하지 않을까? 만족도에 이득이 되지 않는데도 왜 기를 쓰고 돈을 더 많이 벌려고 할까? 자신을 만족시키는 것이 무엇인지 모르기 때문이다. 돈을 더 많이 벌고 번 돈을 간직하고 있어야 만족도가 더 높아질 것이라고 가정한 연구에서는 실제로는 돈을 얼마나 갖고 있는지와는 아무런 상관없이 언제고 기부할 때라야 만족도가 높아졌다. 정반대 결과가 나타난 적도 있다.[2]

개인 소득이 만족도를 측정하는 완벽한 척도는 아니다. 재산은 취업 시장에서의 성공 여부만 알려줄 뿐, 생활 수준은 알려주지 않는다. 왜일까? 예를 하나 들어보자. 아흐메트는 매일 오전 5시에 일어나 최저 시급인 약 9유로(약 1만 원)를 받으며 주당 40시간씩 환경미화원으로 일해 매달 약 1,200유로(약 170만 원)를 번다. 반면 헨리

케는 부유한 외과 의사의 아내다. 그녀는 오전 10시에 일어나 독서를 한다. 고소득자 남편을 둔 그녀는 일할 필요가 없다. 하지만 남편은 항상 바빠 집을 비우기 일쑤고 독서만 하자니 가끔은 일상이 따분하게 느껴진다. 그녀는 취미 삼아 서점 아르바이트로 매달 약 400유로를 벌고 있다. 서류상으로만 보면 아흐메트의 소득이 헨리케보다 3배 더 많다. 하지만 두 사람의 실제 생활 수준은 서류와는 딴판이다.

가구 소득을 무시한 채 개인 소득만 보면 아흐메트와 헨리케의 차이를 오해하기 쉽다. 앞서 결혼 유무와 직업 상태라는 변수를 통제하고 한 사람의 소득이 더 많아질 때와 더 낮아질 때의 만족도를 비교한 것도 이 때문이다. 하지만 이 데이터 결과는 개인 소득이 더 늘어날 때의 만족도만 보여줄 뿐 개인 소득이 아닌 가구 소득의 변동에 따라 만족도가 어떻게 변하는지는 보여주지 않는다. 〈그림 3-2〉는 가구원 1인당 지출가능소득과 만족도의 상관성을 보여준다. 이 그림을 보면 현재 가진 돈 대비 소득이 얼마가 더 늘어야 만족도가 높아지는지를 알 수 있다. 여기서는 가구원 1인당 소득이 2,000유로일 때를 기준으로 놓고 만족도와 불만족도를 표시했다. 2,000유로가 한계효용체감의 법칙이 적용되는 기준점이기 때문이다.

1인 가구이면서 돈이 거의 없는 경우 소득이 200유로(약 28만 원)에서 2,000유로로 늘면 만족도가 6점 높아진다. 2,000유로에서 4,000유로로 또다시 늘면 만족도는 1점 높아진다. 이를 1인 가구

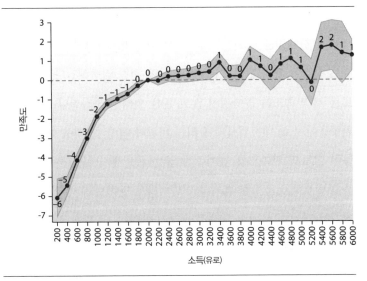

〈그림 3-2〉 가구원 1인당 지출가능소득에 따른 만족도

의 개인 소득으로 봐도 무방하다. 하지만 가구원 수가 달라져도 이
를 그대로 대입할 수 있다. 어느 나라나 마찬가지지만 부부라고 해
서 혼자 지낼 때보다 돈이 꼭 2배 더 있어야 하는 건 아니다. 화장
실과 부엌을 공동 사용하므로 사실은 1.7배가 필요하다고 볼 수 있
다. 총 1.7×2,000유로=3,400유로(약 480만 원)이므로 소득이 이를
넘어가면 만족도에는 거의 영향이 없다. 추가 1인당 비용은 0.5로
잡으면 된다.[3] 따라서 자녀가 한 명인 부부는 소득이 싱글일 때의 3
배가 필요한 것이 아니라 1+0.7+0.5=2.2배, 즉 4,400유로(약 621만
원)가 더 필요하다. 자녀가 한 명씩 추가될 때마다 0.5×2,000유로
=1,000유로를 더하면 되니 4인 가족의 만족도를 높이기 위해서는
5,400유로(약 762만 원)가 필요한 셈이다. 이는 적은 액수가 아니다.

따라서 4인 가정은 보수가 좋은 직업 한두 개면 충분하다.

이미 한계점을 넘어섰는데도 돈이 더 필요하다고 생각하는 사람은 착각에 빠져 있다. 더 늘어난 돈에 점점 익숙해진다는 사실은 모른 채 만족도는 높아지지 않고 돈은 헛되이 사라진다. 여러분의 친구들이 소셜 네트워크에 올리는 바하마 여행, 큰 자동차, 넓은 집 등이 그들의 만족도를 높여주지 않는다는 애기다. 낡은 자동차를 몰고 발트해로 소박한 휴가를 떠나더라도 만족도에 끼치는 영향은 거기서 거기다. 하지만 오해하지 않길 바란다. 더 많은 소득이 여러분을 더 만족시키지 못한다는 것은, 가령 싱글은 2,000유로, 부부는 3,400유로, 소가족은 4,400유로, 4인 가족은 5,400유로일 때나 맞는 말이다. 여타 연구에서 대략적으로 소득이 2배가 될 때마다 만족도도 비슷하게 상승한다고 나타났다. 이처럼 만족도가 현저히 높아지려면 더 많은 돈이 필요하다.[4]

일을 너무 일찍 시작할 필요는 없다

자녀에게 경제적 지원을 언제까지 해줘야 하는지를 두고 대체로 부모들은 두 가지 접근법을 취하는 듯하다. 내 친구 중 몇몇은 대학을 다니거나 직업 교육을 받느라 30대 초반까지 자립하지 못해 부모님의 경제적 지원을 받았다. 다른 친구들은 부모님의 압박으로 20대 초반에 곧바로 독립했다. 친구들 사이에서도 두 가지 욕구가 혼재했다. 일부는 얼른 사회에 첫발을 내딛고 싶어 했고 또 일부는 직장 생활을 어떻게든 늦춰보려 안간힘을 썼다. 평범한 직장 생활은 하고 싶지 않았던 나는 박사 과정을 밟았다. 하지만 30학기를 학생 신분으로 사는 건 어찌 보면 끔찍한 일이다.

최고의 만족도를 보장하는 완벽한 첫 직장이 있을까? SOEP 데이터는 사회생활 초기의 평균 만족도를 보여주는 20년 추적조사 자료를 제공한다. 〈그림 3-3〉은 첫 직장 생활을 시작한 시기에 따라 만족도가 어떻게 달라지는지를 보여준다.

그림만 보면 직장 생활을 시작하기에 완벽한 시기가 있는 듯하다. 남성은 28~32세에 직장 생활을 시작할 때 만족도가 가장 높다. 여성은 22~28세다. 직장 생활을 시작한 시기가 빠를수록 불만족

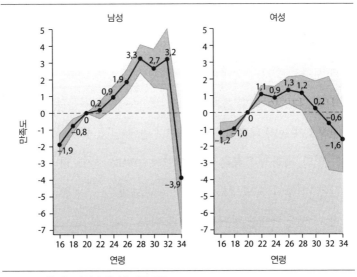

〈그림 3-3〉 **첫 정규직 입사 연령에 따른 만족도**

도는 높아진다. 상한선도 있다. 삶에 대한 불만족도가 높은 집단에 속하고 싶지 않다면 대체로 남성은 32세 이전, 여성은 28세 이전에 직장 생활을 시작하는 게 좋다.

혹시 교육 수준이 통계를 왜곡하는 요인은 아닐까?[5] 대졸 남성은 20대 후반에 직장 생활을 시작하면 만족도가 가장 높고, 여성은 20대 중반에 시작해도 나쁘지 않다. 반면 대학 학위가 없을 경우 직장 생활을 시작하는 시점은 만족도와 상관성이 거의 없는 것으로 나타난다. 한 사람이 첫 직장에 들어간 시기에 따라 직장 생활 전후 만족도가 어떻게 변하는지를 살펴보면 23세 미만일 때 직장 생활을 시작한 사람들은 오히려 향후 불만족도가 더 높아지는 경향이 발견된다. 반면 직장 생활을 늦게 시작하는 사람들은 만족도가 점점 더 높아진다.

그런 점에서 부모는 자녀가 대학 학위를 받을 때까지 충분한 시간을 주는 것이 바람직하다. 대학 진학 계획이 없다면 직장 생활을 일찍 시작하는 것도 손해될 것은 없다. 반면 남자 대학생은 시간적 여유를 갖는 게 좋다. 통계상 직장 생활을 일찍 시작하는 사람은 불만족도가 높기 때문에 군이 20대 후반에 직장 생활을 시작할 이유는 없다. 따라서 되도록 직장을 빨리 구하려 하기보다 배우는 데 시간을 더 들이는 게 낫다. 이어서 살펴보겠지만 남편이 아내보다 더 많이 벌고 아내는 남편보다 적게 버는 것이 낫다는 것도 참고하는 게 좋을 듯싶다. 헛소리처럼 들리겠지만 지금껏 살펴본 결과들처럼 이 역시 사실이다.

반려자보다 내가 돈을 더 벌어야 할까

적응 및 한계효용체감의 법칙과 더불어 부유한 나라의 국민은 소득이 증가해도 만족도가 별로 높아지지 않는 또 다른 이유가 연구로 입증된 바 있다. 바로 남의 소득과 비교하기 때문이다. 생활 수준은 중요하지 않다. 이들은 남보다 돈을 더 많이 벌어야 만족도가 더 높아진다. 나는 연구 조교비와 연방 장학금으로 매달 약 1,000유로를 받던 대학 시절에 부자가 된 기분이었다. 그 돈이면 내가 원하는 모든 것을 충당할 수 있었다. 그런데 게오르크와 얀의 월 소득이 2,000유로가 되자 1,000유로에 멈춰 있는 내가 상대적으로 가난하게 느껴졌다. 남이 더 많이 벌면 더 가난하게 느껴지는 감정의 악순환은 멈추지 않는다. 현재 게오르크의 소득은 아직도 2,000유로인 반면 얀과 나의 월 소득은 그보다 많다. 2,000유로도 큰돈이라 생각했던 게오르크는 지금은 너무 적다고 푸념을 늘어놓는다.

내일 모든 사람들이 돈을 2배 더 가지게 된다고 해도 다른 사람들에 비해 자신의 위치가 상대적으로 더 좋아지는 것은 아니기에 만족도도 높아지지 않는다. 허무맹랑한 소리로 들리겠지만 대다수는 남보다 가진 게 많은 것처럼 느껴지는 한 더 가난한 사회에서 사는 것도 불사할 것이다. 한 실험에서는 응답자의 절반이 본인은 10만 달러를 갖고 다른 모든 사람이 그보다 2배 더 많은 20만 달러를 갖기보다 본인이 5만 달러를 갖고 남들은 그 절반인 2만 5,000달러를 갖는 것을 선택했다.[6] 다 같이 가난한 사회에서라면 다른 사람이 자기보다 더 가난한 이상 자신도 가난한 삶을 기꺼이 감수할 것이다. 반대로 부유한 사회에서는 재산이 많아도 남이 자기보다 경제적 여유를 더 많이 누리는 한 불편한 감정을 느낄 것이다. 데이터가 이를 입증한다. 독일인의 경우 남보다 소득이 더 높아질 때만 만족도가 높아진다. 실제 재산이 얼마나 있는지는 중요하지 않은 것이다. 그보다는 남보다 더 많이 갖는 것이 더 중요하다. 그래서 월급이 2배 오르면 마치 남의 월급이 반으로 줄어드는 것처럼 여겨져 더 만족감을 느끼는 것이다.[7] 개발도상국보다 선진국 국민들이 만족도가 높아지지 않는 것도 이 때문이다. 경제가 성장하면 내 생활 수준뿐만 아니라 다른 사람의 생활 수준도 덩달아 높아지므로 상대적으로 우위를 점하는 사람이 없어지게 된다.[8]

이런 세태에 환멸을 느낄지도 모르겠다. 하지만 엄연한 사실이다. 사실이 아니라면 독일의 실업급여 수급자는 부르키나파소의 평범한 시민보다 돈이 더 많다는 사실에 기뻐해야 할 것이다. 하지만 기뻐하기보다 상대적 박탈감으로 괴로워한다. 독일 물가가 더 비싸다는 점을 감안하더라도 부르키나파소 국민보다 독일의 실업급여 수급자가 더 잘 산다. 실제로도 독일인의 삶의 만족도는 10점 중 약 7점으로 5점 이하인 부르키나파소보다 더 높다.[9] 자신의 삶을 남과 비교하지 않는 극소수의 독일인만 10점이다. 평범한 독일인은 만족도가 평균 수준이고 실업급여 수급자들은 만족도가 더 낮다.

상대적 박탈 이론은 진급률이 더 높은 부대에 소속된 군인들의 불만족도가 더 높다는 사실에서 비롯된 개념으로, 자신이 얼마나 소유하고 있는지와는 무관하게 남보다 더 많이 소유하기를 바란다고 가정한다. 더 많은 진급은 진급 가능성을 더 높인다. 하지만 진급이 드문 부대에 비해 진급이 잦은 부대에서 군인들의 불만족도가 더 높다.[10]

이를 확인하기 위해 나는 가장 가까운 사람인 반려자보다 더 많이 벌 때 남녀의 만족도가 높아지는지 통계를 내봤다. 〈그림 3-4〉는 공동 소득에 대한 기여도에 따라 남편과 아내의 만족도가 어떻게 변하는지를 보여준다. 가령 부부의 소득이 1,000유로일 때 남편이 800유로(약 113만 원), 아내가 200유로를 번다면 기여도는 각각 80퍼센트와 20퍼센트다.

요컨대 상대적 박탈감은 남성만 느낀다. 남성은 여성보다 더 벌면 만족도가 높아지고 적게 벌면 불만족도가 매우 높아진다. 남편이 총소득의 10퍼센트만 벌면 불만족도가 5점 더 높아진다는 사실은 지금껏 살펴본 결과에 비하면 매우 높은 수치다. 남편은 아내보다 돈을 적게 벌면 만족도가 훨씬 떨어지고, 많이 벌면 아주 약간 높아진다.

아내의 경우 결과는 더 흥미롭다. 이들은 남편보다 적게 벌 때 만족해한다. 가장 이상한 점은 남성과는 반대로 반려자보다 더 많이 벌면 만족도가 높아지는 것이 아니라 불만족도가 더 높아진다는 사실이다. 부부의 총소득 중 대부분을 버는 여성은 남편과 비슷하게 버는 여성보다 불만족도가 약 3점 더 높다.

황당한 소리처럼 들리겠지만 이는 남성이 여성보다 소득이 더

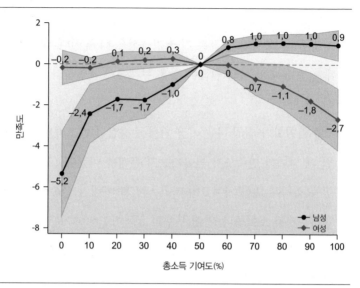

<그림 3-4> **부부의 총소득 기여도에 따른 만족도**

많을 때 양쪽 모두에게 더 좋다는 의미로 해석된다. 정규직 남녀 둘 다 결론은 같았다. 남성이 비정규직으로 일하거나 실업자여서 불만족도가 높은 것이 아니다. 반려자와 소득 차이가 있는 해에 부부의 만족도가 어떻게 변하는지 살펴보면 남편은 아내보다 더 적게 벌 때, 아내는 남편보다 더 많이 벌 때 불만족도가 더 높아진다. 여타 조사에서도 아내가 남편보다 많이 벌 경우 부부의 불만족도는 약 8퍼센트 높아지는 것으로 나타난다. 아내가 남편보다 더 많이 벌 경우의 불만족을 보상하려면 4만 8,000유로(약 6,820만 원)의 추가 연소득이 필요했다. 반면에 남성들은 반려자보다 '더 적게' 벌면 15만 유로(약 2억 1,314만 원) 정도가 필요하다고 생각한다.[11]

이 결과들이 시사하는 바는 무엇일까? 적어도 여성의 경우 상대적 박탈 이론은 설득력이 떨어진다. 이들은 남편보다 '더 적게' 벌 때 만족도가 더 높기 때문이다. 그런 점에서 사회학자 벡의 말이 옳을지도 모른다. 그는 남성들이 남녀의 동등한 권리를 지지한다고 말하지만 실제로는 자신이 아내보다 더 벌거나 여성이 전업주부로 지내는 것에 더 만족해한다고 주장한다. 왜일까? 그렇지 않으면 자신이 매력적인 반려자로 보이지 않는다고 생각해서다. 벡에 따르면 결국 성공한 남성의 이미지란 '경제적·직업적 성공'과 직결된다. 안정적인 소득이 있어야 '좋은 부양자'와 '자상한 남편'과 '집안의 가장'이라는 이상적인 남성상에 부합할 수 있다. 일관되고 지속적인 성적 욕구의 충족도 경제적으로 측정 가능한 성공과 연결돼 있다."[12] 실제 연구들도 이 같은 주장을 입증한다. 나 역시 2005년 이후에도 같은 결과가 도출되는지, 아니면 과거에만 해당하는 얘기인지 검증해봤다. 그 결과 먼 과거의 데이터와 마찬가지로 가까운 과거의 데이터에서도 같은 결론이 나왔다. 즉, 과거든 현재든 남편이 돈을 더 많이 벌 때 남편과 아내 모두 만족도가 더 높은 것으로 나타났다.

점입가경으로 수많은 연구에 따르면 남편이 더 많이 벌고 아내가 집안일을 도맡는 불평등한 관계일 때 두 사람 모두 만족도가 더 높아진다는 결과가 나타난다. 게다가 부부가 집안일을 평등하게 분담하면 성관계 횟수도 줄어든다.[13] 결혼 광고와 이성 교제 사이트를 조사한 결과에 따르면 여성은 고학력 남성을 찾고 고소득의 중요성을 남성보다 11배 더 자주 강조한다. 또한 고소득 남성을 찾을 수 없으면 아예 결혼을 포기하는데, 이는 미국 혼인율이 30퍼센트 감소한 원인이기도 하다. 아내가 남편보다 더 많이 벌면 일을 그만두거나 불만족도가 더 높아지거나 다투다가 이혼할 확률이 더 높아진다. 여성이 고소득 반려자를 찾는 반면, 남성은 이성 교제 광고에서 여성보다 40배나 더 빈번하게 성관계 상대를 찾고, 학력보다 사진을 더 많이 보는 경향이 있다.[14] 즉, 여성은 남성의 소득과 향후 소득을 염두에 두고, 남성들은 피상적인 욕구를 염두에 두는 것이다.

읽으면서 눈살이 찌푸려질지도 모르겠다. 나 역시 의아하다. 하지만 경험적 연구에서도 여성은 고소득 남성을 원하는 것으로 나타난다. 그런 남성을 찾지 못하면 불만족도가 높아진다. 반대로 남성은 아내보다 소득이 적으면 불만족도가 높아진다. 요컨대 남편은 아내보다 더 많이 벌길 원하고 아내는 남편보다 더 적게 벌길 바란다.

공짜 현금은 큰 메리트가 없다

복권에 당첨된 적이 있는가? 아니면 선물로 큰돈을 받아본 적이 있는가? 내 경우 생각지도 못한 돈이 손에 들어온 적이 있다. 놀라운 건 그런데도 변한 건 없었다는 점이다. 뜻밖의 횡재에 만족감을 느끼지 못했던 이유는 뭘까?

당시엔 돈으로 실현시킬 수 있는 꿈이 없었기 때문이다. 그래서 통장에 고스란히 넣어뒀다. 바뀐 게 딱 하나 있다면 바로 통장 잔액이었다. 예기치 못한 횡재가 행복을 가져다주지 않는다는 건 사실 흔히 있는 일이다. 〈그림 3-5〉는 수년에 걸쳐 뜻밖에 큰돈을 갖게 된 사람의 만족도가 어떻게 변하는지를 보여준다.[15]

수차례 큰돈을 손에 쥐었는데도 웬일인지 만족도는 그다지 높아지지 않는다.[16] 50만 유로 이상이라는 어마어마한 금액을 받은 경우만 만족도가 7점까지 높아진다. 그마저도 1년 후에는 4점으로 떨어진다. 여타 조사에서도 10만 달러의 복권 당첨금을 받은 경우 만족도는 100점 만점 중 50점도 채 되지 않는 것으로 나타난다.[17]

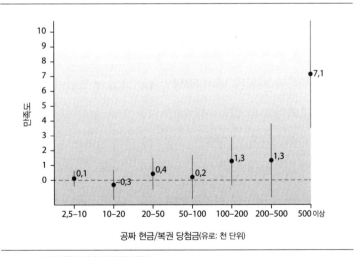

〈그림 3-5〉 **공짜 현금 액수에 따른 만족도**

복권 당첨자의 만족도가 장기간에 걸쳐 더 높아지는 경우가 드물다는 사실은 행복 연구의 첫 번째 과제 중 하나였다.[18]

돈이 필요하지 않아서가 아니다. 소득 하위 50퍼센트도 상위 50퍼센트만큼이나 공짜 현금에서 만족감을 거의 느끼지 못하기 때문이다. 그렇다면 돈은 왜 만족도를 좀처럼 높여주지 못할까? 만족도를 가장 높여주는 것은 개인 소득이고 그 다음이 가계 소득이다. 반면 보다시피 공짜 현금은 만족도에 거의 영향을 미치지 못한다. 돈이 성공의 표지로 기능할 때라야 돈은 만족도를 더 높여준다. 그리고 이는 개인 소득에만 해당한다. 가계 소득은 만족도에 미치는 영향이 더 적고 공짜 현금은 전혀 영향이 없다. 연구에 따르면 재산을 기부하는 것이 소유하는 것보다 만족도를 더 높여주는 것으로 나타났다. 직장인의 경우 상여금을 더 많이 받는 사람보다 상여금 중 기부금 중 지출 비중이 높은 사람이 더 만족도가 높았다.[19]

재산이 만족도와 전혀 관련이 없다는 말이 아니다. 하지만 데이터에 따르면 개인적인 만족도의 약 5퍼센트만이 물질적 생활 수준에서 비롯하며 나머지 95퍼센트는 다른 요인이 원인이다.[20] 조금 더 벌어보겠다고 더 많은 시간과 노력을 쏟을 생각이라면 돈벌이는 만족도에 그다지 큰 영향을 주지 않는다는 사실을 기억하자. 그런데 뭔가 이상하다. 돈이 만족도를 별로 높여주지 않는다면 왜 남편들은 근무 시간이 길 때 더 행복해하는 걸까? 지금부터 그 이유를 알아보자.

남자는 오래 일할수록 만족한다

소득이 2,000유로를 초과하면 만족도가 별로 높아지지 않는다. 혹시 더 많은 소득은 더 많은 업무를 전제하기 때문일까? 해 뜨기 전에 집을 나서고 해가 져야 귀가하는 사람이라면 그럴 만도 하다. 하지만 근무 시간과 만족도의 상관성은 조금 희한하다. 근무 시간이 너무 길어도, 반대로 너무 짧아도 만족도가 떨어지기 때문이다.

심리학자 미하이 칙센트미하이(Mihály Csíkszentmihályi)가 그 이유를 밝혀냈다. 그는 발음하기 어려운 이름과 더불어 매우 간단한 만족도 공식을 창안해낸 것으로도 유명하다. 바로 '만족도=몰입(flow)'이다.[21] 몰입은 다소 도전적인 과제를 수행하면서 그 행위에 완전히 몰두할 때 일어나는 심리적 상태를 말한다. 나도 이 데이터를 코딩할 때 깊이 몰입한 나머지 2시간이 훌쩍 지나간 줄도 몰랐다(뭐, 커피를 줄기차게 마시긴 했다). 우리는 스키를 타든 춤을 추든 노래를 하든 집중력을 발휘해 무언가에 열중할 때도 몰입을 경험한다. 그 순간에 완전히 몰두하면 눈앞에는 오로지 과업만이 남는다. 대다수는 직장에서 몰입할 기회가 많을 것이다. 완전한 집중력을 요하는 도전적인 과업을 눈앞에 두고 있을 때 그 과업에 온전히 집중하면 몰입이 일어나면서 큰 만족을 느끼게 된다.

그렇다면 만족도를 높여주는 근무 시간은 어느 정도일까? 과로할 경우 만족도는 얼마나 떨어질까? 놀랍게도 성별과 자녀의 유무에 따라 결과는 달라진다. 〈그림 3-6〉은 일일 근무 시간과 자녀 유무에 따라 부부의 만족도가 어떻게 달라지는지를 보여준다.

일을 하지 않고 자녀도 없는 남성인 경우 만족도가 100점 중 63점으로 가장 낮다. 그런데 이 남성이 하루 9시간 근무할 경우 만족도는 71점까지 높아진다. 일을 전혀 하지 않을 때보다 9시간 동안 일할 때 만족도가 8점이나 높아진 것이다. 이는 실업자의 불만족도가 더 높기 때문이라고 볼 수는 없다. 실업으로 인한 불만족이라면 근무 시간이 0에서 1로 바뀔 때 만족도가 가장 크게 증가해야 하기 때문이다. 그보다는 1시간에서 2시간, 6시간에서 7시간으로 늘

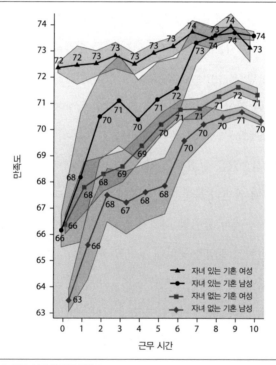

〈그림 3-6〉 **근무 시간에 따른 만족도**

어날 때 만족도가 높아진다. 요컨대 자녀가 없는 기혼 남성은 근무 시간이 길수록 만족도가 높아지고 9시간 이상이 되면 다시 하락한 다. 자녀가 없는 기혼 여성은 일하지 않아도 불만족도는 그다지 더 높아지지 않고, 근무 시간이 늘어나도 만족도는 더 높아지지 않는 다. 다만 전혀 일을 하지 않을 때보다 하루 9시간 일할 때 만족도가 6점 더 높아진다.

자녀가 없는 기혼 남성과 마찬가지로 자녀가 있는 기혼 남성도 근무 시간이 늘면 만족도가 급상승한다. 일을 전혀 하지 않을 경우 만족도는 66점인 반면, 하루 8~10시간으로 근무 시간이 늘면 만족 도는 8점 상승한 74점이 된다. 즉, 자녀가 없는 기혼 남성과 마찬가 지로 자녀가 있는 기혼 남성도 근무 시간이 늘면 만족도가 높아진 다. 부양해야 할 가족이 있어서가 아닐까 싶다.

더 이상한 건 자녀가 있는 기혼 여성의 경우 남편이 집을 오래 비울수록 만족도가 더 높아진다는 점이다. 남편의 근무 시간이 매 우 짧은 경우 만족도는 72점이지만 근무 시간이 늘면 75점으로 높 아진다. 자녀가 없는 기혼 여성도 남편의 근무 시간이 늘면 만족도 가 3점 더 높아진다. 반면 남편의 만족도는 아내의 근무 시간에 그 다지 영향을 받지 않는다. 흥미로운 건 기혼 남성은 근무 시간이 늘어난 반면 소득은 더 늘지 않더라도 만족도가 여전히 높다는 점 이다.

자녀가 있는 여성도 남편처럼 직장 생활을 해야 좋다고 생각하 는 사람이라면 이 결과가 놀라울 것이다. 여성의 경우 근무 시간이 더 늘면 만족도는 고작 2점 더 오르기 때문이다. 자녀가 있는 기혼 여성이 전업주부로 지내야 할지 사회생활을 해야 할지를 두고 열띤 논쟁이 벌어지고 있다는 사실을 떠올리면 충격적인 결과다. 데이터에 따르면 자녀가 있는 기혼 여성의 경우 짧은 근무 시간과 긴 근무 시간으로 인한 만족도와 불만족도는 서로 상쇄된다.

혹시 근무 시간과 만족도의 상관성에는 다른 요인이 작용하는 게 아닐까? 건강은 아니다. 당연히 아픈 사람은 일을 더 적게 하고 불만족도도 더 높다. 건강 상태가 같은 경우를 비교한 것은 이 때문이다. 다양한 근무 형태도 만족도에 영향을 줄 수 있다. 자녀가 있는 기혼 여성은 짧은 근무 시간에 더 만족스러워할까? 고정된 시간 동안 일하던 여성이 탄력근무나 유연근무를 하는 경우에도 만족도는 높아지지 않는다. 그렇다면 만족도는 직업에 따라 달라지는 걸까? 직장은 바뀌지 않은 상태에서 근무 시간을 바꾼 사람들만 비교해도 자녀가 있는 기혼 남성은 근무 시간이 늘면 만족도가 높아지지만 자녀가 있는 기혼 여성은 만족도가 높아지지 않는 것으로 나타난다. 2005년 이후 데이터로 다시 통계를 냈을 때도 결과는 거의 변함이 없었다. 부모의 공평한 가사분담 여부에 민감하지 않았던 1984~2004년까지의 관찰 기간뿐만 아니라 오늘날에도 그 점은 거의 변한 게 없는 것처럼 보인다. 2010년 이후 데이터를 봐도 기혼 남성은 근무 시간이 늘자 만족도가 높아졌지만 기혼 여성은 그렇지 않았다. 이에 반해 자녀를 홀로 키우는 한부모는 근무 시간이 늘어도 만족도가 거의 높아지지 않았다.

이 사실이 왜 중요한 걸까? 이는 자녀가 있는 기혼 남성의 경우 늘어난 근무 시간 때문에 만족도가 높아지는 것이 아니라 전통적인 성 역할에 충실한 부부 관계를 유지할 때 만족도가 높아진다는 사실을 시사하기 때문이다. 황당무계한 소리처럼 들리겠지만 기존 연구도 같은 결과를 보여준다.[22] 얼마나 오래 일하느냐는 중요하지 않다. 남편과 아내가 전형적인 성 역할에 부합할 때 둘 다 만족도가 더 높아진다. 근무 시간이 바뀔 때 남편과 아내의 만족도가 크게 달라지는 이유도 그 때문이다. 〈그림 3-7〉은 부부의 총 노동 시간에 따라 남편과 아내의 만족도가 어떻게 달라지는지를 보여준다.

자녀가 있는 기혼 남녀의 경우 노동 시간이 같을 때 만족감이 가장 높을 것이라고 생각했다면 큰 오산이다. 남성은 부부의 소득에 기여하는 노동 시간 중 약 80퍼센트, 여성은 약 20퍼센트를 담당할 때 가장 만족해하는 것으로 나타나기 때문이다. 아내는 남편보다 일을 더 많이 할 때, 남편은 아내보다 일을 적게 할 때 만족도가 떨어진다. 자녀가 없는 부부는 조금 다르다. 자녀가 없는 기혼 여성은 남편보다 비슷하거나 적게 일할 때 만족도가 가장 높다. 하지만 자녀가 없는 기혼 남성은 아내보다 근무 시간이 더 길 때 가장 만족한다. 여기에도 수많은 방해 요소가 영향을 미칠 수 있다. 남성의 직업이 더 좋을 수도 있고, 집안일을 덜 해서 또는 자녀를 돌보는 시간이 줄어서 만족도가 높아질 수도 있다. 하지만 이를 모두 감안하더라도 남편은 특히 근무 시간이 길 때 만족도가 높아지고 아내는 그렇지 않다는 결과가 나타난다.[23] 비교적 가까운 과거의 데이터, 즉

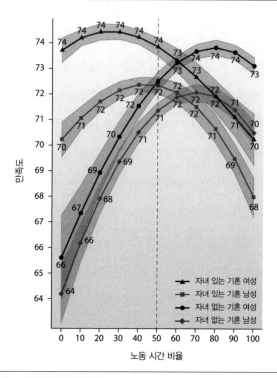

〈그림 3-7〉 **노동 시간에 따른 만족도**

2010년 이후 데이터를 봐도 먼 과거의 데이터와 똑같은 패턴이 반복된다.

　대체로 남편이 아내보다 4배 정도 노동 시간이 길 때 둘 다 만족도가 가장 높아진다. 놀라운 건 남편과 아내의 '불균형한' 경제 활동이 모두를 만족시킨다는 점이다. 이른바 전통적인 성역할에 충실할 때, 즉 남편은 정시 근무 또는 초과 근무를 할 때, 아내는 남편보다 노동 시간이 더 짧을 때 둘 다 만족도가 가장 높다. 아내가 남편보다 소득이 높은 가정에서도 같은 결과가 나타났다. 최소한의 노력으로 소득을 극대화하고 싶다면 돈벌이가 좋은 아내가 일을 많이 하는 게 낫다. 하지만 남편보다 소득이 더 많아지는 순간 아내의 노동 시간은 짧아지고 전업주부가 될 확률도 더 높아진다. 임금이 인상되면 자신의 성공이 남편을 불안하게 만든다는 생각에 일을 그만두는 것일까? 정신 나간 소리처럼 들리겠지만 연구에 따르면 아내가 남편보다 노동시장에서 더 성공적일 경우 남편이 아내보다 사회적으로 성공해야 한다는 뿌리 깊은 규범을 위반하는 격이므로 둘 다 만족도가 하락한다. 아내 입장에서는 이 규범을 위반하느니 차라리 일을 그만두는 것이다.[24]

남편의 노동 시간이 길 경우 아내의 만족도가 높아지는 또 다른 이유는 셀리그먼의 긍정심리학에서 찾을 수 있다. 그에 따르면 남성은 여성보다 긍정적 정서 경험이 부족하지만, 부정적인 정서 경험 역시 부족하다고 말한다. 기뻐서 우는 경우도 드물지만 우울증에 걸릴 가능성도 적다는 말이다. 긍정적인 정서가 부족한데 만족도가 높아지는 이유는 뭘까? 몰입 때문이다. 앞서 말했듯 몰입은 아무런 정서도 감정도 없는 상태다. 어떤 활동에 완전히 몰두한 나머지 모든 감정을 잊은 채 그 일에만 온전히 집중하는 상태다. 몰입을 경험하면 만족감을 느낀다.[25] 남성들은 긍정적인 감정이 더 적어 행복감과 만족감을 느끼려고 몰입에 더 많이 의존하고, 몰입은 일을 할 때 경험할 수 있으므로 여성보다 남성에게 일이 더 중요한 근거가 될 수 있다. 하지만 한 가지 해석일 뿐 이 데이터의 직접적인 결과는 아니다.

남편이 일을 하면 행복해지고 아내는 그렇지 않다는 사실이 믿기 어렵다면 왜 남성에게 일이 훨씬 더 중요한지 예를 통해 한번 살펴보자. 〈그림 3-8〉은 남성과 여성이 각각 실직하거나 비정규직/정규직으로 일하거나 퇴직·육아휴직을 했을 때 만족도가 어떻게 달라지는지를 보여준다.

남성은 실업수당을 받거나 실업자가 되면 만족도가 크게 떨어지는데, 심지어 여성 실직자보다 그 수치가 더 낮다. 남성은 실직하면 불만족도가 6~7점이지만 여성은 5점 미만이다. 남성은 실업 상태에서 불만족도가 더 높아지지만 여성은 실업 상태가 수년간 지속돼도 만족도는 이전 수준으로 회복한다.[26] 데이터는 남편이 전업

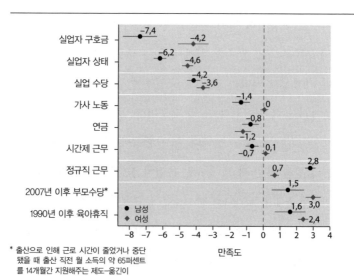

* 출산으로 인해 근로 시간이 줄었거나 중단
됐을 때 출산 직전 월 소득의 약 65퍼센트
를 14개월간 지원해주는 제도−옮긴이

〈그림 3-8〉 **노동 상태에 따른 만족도**

주부일 때 대체로 불만족도가 높아지지만 여성은 일할 때만큼이나 전업주부로 지낼 때도 만족도가 높다는 사실을 보여준다. 남성은 비정규직으로 일할 경우 시간이 지나면 불만족도가 약간 높아지고 여성은 비정규직으로 일해도 만족도가 높아진다. 정규직으로 일하면 남성은 만족도가 3점 더 높아지지만 여성의 경우 만족도가 아주 약간 높아질 뿐이다.

남성은 일을 더 많이 할수록 만족도가 높아지고 일을 하지 않으면 만족도가 낮아진다는 결과는 반복적으로 나타난다. 여성들, 특히 아이가 있는 기혼 여성의 경우는 그렇지 않다. 하지만 근무 시간이 줄어드는 이유에 따라 만족도가 달라지기도 한다. 〈그림 3-8〉에서는 2007년 이전에 육아휴직을 했거나 2007년 이후에 부모수당을 받은 남성은 여성만큼은 아니지만 만족도가 높아지는 것으로 나타나는데, 그 이유는 육아를 자발적으로 선택했기 때문이다. 이를 제외하면 일반적으로 남성은 근무 시간이 길면 만족도가 항상 높고 근무 시간이 줄면 만족도가 낮아진다.

학력이 높을수록 더 만족하며 살까

고학력을 반대하는 사람이 나 말고 또 있을까? 나는 어쩌다 이런 별난 생각을 하게 된 걸까? 내가 가르치는 학생들은 똑똑하지만 대다수는 대학 교육이 너무 추상적이라고 불만을 토한다. 학생들은

'국가 간 노동시장 정책 비교 연구' 같은 복잡한 주제를 다루면서 복잡한 이론을 공부하고 더 복잡한 계산법을 써가며 배워야 하는 이유를 이해하지 못한다. 그보다는 보육원 운영 방법이나 이웃 돕기, 정치 운동 조직하기 등 실용적인 가르침을 얻고 싶어 한다. 옳은 말이다. 국가 간 노동시장 정책 비교 연구를 해서 어떤 직업을 가질 수 있는지 내게 물어본다면 아마 없다고 답할 것이다. 그렇지만 나는 사회과학자로서 사회과학만 가르칠 수 있을 뿐 보육원 운영이나 이웃 돕기, 정치 운동 조직하기는 가르칠 수 없다.

학생들이 직장에서 곧바로 활용할 수 있는 지식을 대학에서 거의 배우지 못했다는 사실을 깨달을 때쯤이면 이미 늦었다. 독일 특유의 교육제도인 도제식 직업교육을 받거나 응용학문대학(University of Applied Science) 학위 과정을 밟아 종합대학에서 헛되이 보낸 시간을 만회할 수도 있을 것이다. 학자 양성이 아니라 곧바로 취업 현장에 뛰어들 수 있도록 준비시키는 이런 교육 기회를 지나치고 이론에 가장 충실한 교육을 선택한다면 취업에는 부적합한 게 당연하다. 대학에서 물리학을 공부하고 싶다면 물리학자가 어느 직위까지 오를 수 있는지를 물을 게 아니라 무엇보다 물리학에 관심을 가져야 한다. 사회학을 공부하고 싶다면 말 그대로 사회학에 관심을 가져야 한다. 내 경험상 사회학을 깊이 공부한 학생들은 데이터 분석가가 돼 성공 가도를 달리기도 한다. 하지만 대학 공부를 하면서 자기 전공이 구체적으로 어떤 직업을 구하는 데 도움이 될지 골몰하는 학생은 실패하기 쉽다. 100명 중 80명은 이에 속한다.

그건 어떻게 아느냐고? 80명이 과제 제출 기한을 묻는다면 20명만이 수업 내용과 관련된 질문을 하기 때문이다. 대다수는 최대한 많은 가르침을 얻으려는 것이 아니라 최소한의 노력으로 학업을 마치는 것을 더 중요하게 여기는 듯하다. 나를 우울하게 만드는 건 그뿐만이 아니다. 더 안타까운 건 새로운 과제를 내줄 때마다 무언가를 배울 수 있는 기회가 아니라 어떻게든 넘어야 할 장애물쯤으로 생각한다는 점이다. 내 생각이 맞는다면 뭔가 잘못된 게 분명하다. 대체 뭐가 잘못된 걸까?

20년 전만 해도 대학 졸업자는 한 세대의 약 30퍼센트 미만이었다. 오늘날 그 수치는 2배 더 많은 약 60퍼센트다. 학생들이 대학 교육에 만족하는 한 문제될 건 없다. 하지만 대다수는 실패를 자초하며 이 길에 잘못 들어서고 만다. 그런데도 왜 대학에 다니려는 걸까?

한 학생은 자신을 자동화기계 기술자라고 소개하면 여자들이 관심을 보이지 않았지만 사회학자가 된 이후로는 상황이 달라졌다고 말한 적이 있다. 자동차 수리공이 되고 싶었던 사람이 이제는 마크 그래노베터(Mark Granovetter)의 사회학적 비평이나 다단계 회귀분석 등 자신의 관심사와 동떨어진 사회학의 흔한 주제들과 씨름하고 있다. 자신이 원치 않는 교육을 받도록 강요받는 것은 안타까운 일이 아닐 수 없다.

그렇다면 대학 학위는 만족도를 보장해줄까? 〈그림 3-9〉의 검은색 점은 한 사람이 학생일 때와 비교해 대학 졸업 후 만족도가

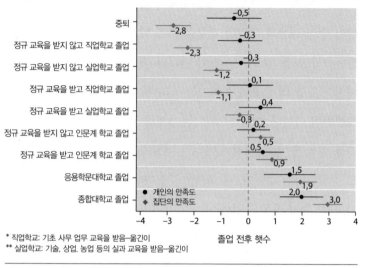

중퇴 -0.5
정규 교육을 받지 않고 직업학교 졸업 -2.8 / -0.3
정규 교육을 받지 않고 실업학교 졸업 -2.3 / -0.3
정규 교육을 받고 직업학교 졸업 -1.2 / 0.1
정규 교육을 받고 실업학교 졸업 -1.1 / 0.4
정규 교육을 받지 않고 인문계 학교 졸업 -0.3 / 0.2
정규 교육을 받고 인문계 학교 졸업 0.5 / 0.5
응용학문대학교 졸업 0.5 / 0.9
종합대학교 졸업 1.5 / 1.9 / 2.0 / 3.0

● 개인의 만족도
◆ 집단의 만족도

졸업 전후 햇수

* 직업학교: 기초 사무 업무 교육을 받음—옮긴이
** 실업학교: 기술, 상업, 농업 등의 실과 교육을 받음—옮긴이

〈그림 3-9〉 **학력에 따른 만족도**

높아지는지를 나타내고, 회색 점은 대졸자 집단이 학생일 때와 비교해 만족도가 더 높아졌는지 보여준다. 쉽게 말해 검은색 점은 교육이 한 사람의 만족도를 더 높여주는지를, 회색 점은 특정 교육을 받은 집단이 만족도가 더 높아지는지를 보여준다.

보다시피 내 예상은 보기 좋게 빗나갔다. 회색 점을 보면 중퇴자 집단이 학생 집단보다 불만족도가 약 3점 더 높다. 중요한 건 학교를 중퇴한 직후뿐만 아니라, 졸업장이 없는 한 평생 만족도가 낮은 수준을 유지한다는 점이다. 반면 학력이 높을수록 여생을 만족스럽게 보낸다. 가령 대학 학위가 있을 때 그렇지 않은 경우에 비해 만족도가 3점 더 높다. 이 데이터만 보면 대학 교육이 소용없다는 평가는 잘못됐다. 학위 소지자 집단은 만족도가 매우 높지만 학력

이 낮은 집단은 불만족도가 매우 높기 때문이다.[27]

검정 점을 보면 대학 졸업이 만족도에 끼치는 영향은 약하다는 사실을 알 수 있다. 응용학문대학교를 졸업한 사람은 학생 때보다 만족도가 1.5점 더 높아지고 종합대학교 졸업자는 2점 더 높아진다. 한 가지 더 놀라운 사실은 중퇴자조차 학생일 때보다 불만족도가 더 높아지는 것은 아니라는 점이다.

요컨대 학력이 더 높은 사람은 일반적으로 만족도가 더 높다. 적어도 대학 교육의 경우 이 같은 인과관계가 성립한다. 대학 졸업 후에 더 만족도가 높아지기 때문이다. 왜일까? 전공 때문은 아니다. 졸업 후 만족도는 전공과 무관하게 높아진다. 더 근본적인 이유는 그 전공을 살려 벌어들인 소득이다. 교육 수준이 높든 낮든 소득이 같은 사람들을 비교하면 만족도가 거의 비슷했다. 응용학문대학이나 종합대학을 졸업한 경우 학위를 통해 소득이 높아지면 만족도도 높아진다. 기존 연구 결과도 마찬가지다.[28] 그렇다면 나도 고정관념을 버려야겠다. 대학 졸업장은 돈을 더 많이 벌 수 있게 해주는 한 만족도를 높여주는 좋은 방편이 되기 때문이다. 사실은 내심 다른 결과가 나오길 바랐다. 대학 교육 자체만으로도 만족도를 높여준다는 결론이었다면 더 기뻤을 것이다. 재차 말하지만 데이터는 우리가 바라는 세상이 아닌 있는 그대로의 세상을 보여준다. 지금까지 소득과 교육이 만족도를 높이는 데 도움이 되는지를 살펴봤으니 이제는 돈을 모으는 게 만족도를 높여주는지를 살펴볼 차례다.

저축을 늘리면 만족도가 높아질까

여자친구는 더 넓은 집으로 옮기지 않는다고 늘 투덜댄다. 지금 사는 곳이 월세가 낮아 소득의 40퍼센트 가량을 저축할 수 있으니 나는 이사가 돈 낭비라고만 생각했다. 그런데 언제부턴가 저축이 무의미하게 느껴졌다. 쓰진 않고 저축만 하니 통장에 돈은 쌓여 가지만 이러다 덜컥 죽어버리기라도 하면 어쩌나 하는 생각도 든다. 하지만 돈은 안정을 보장해주기도 한다. 자신의 재정 능력 한계에서 버티며 힘들게 사는 것도 바람직하지 않다.

그러니까 저축은 무의미한 일이면서 낭비하는 일이기도 하다. 중용을 지키며 사는 방법까지는 아니더라도 적어도 저축이 과연 이로운 행위인지는 통계로 알아볼 수 있다. 이를 위해 나는 소득이 변하지 않는 상태에서 나이가 같은 사람들을 대상으로, 소득의 일정 비율을 저축할 때 만족도가 어떻게 변하는지를 비교해봤다. 소득과 나이를 통제하지 않으면 나이가 들거나 소득이 더 많아지면서 저축을 더 많이 할 가능성을 배제할 수 없기 때문이다.

〈그림 3-10〉은 소득에서 저축이 차지하는 비율이 높아짐에 따라 한 사람의 만족도가 어떻게 변하는지를 보여준다. 비율이 높아질수록 만족도도 일정 수준까지 높아지다가 소득의 40퍼센트 이상 저축하는 때부터 만족도는 더 이상 높아지지 않는다. 평균적으로 독일인은 소득의 약 14퍼센트를 저축한다. 만족도가 1점이 채 되지 않는 비율이다. 여타 연구에서도 저축을 더 많이 할 때 만족도가 높

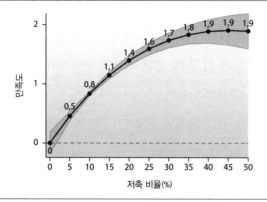

<그림 3-10> **저축 비율에 따른 만족도**

아지는 것으로 나타난다. 그런데 역인과관계도 성립한다. 다시 말해 저축을 더 많이 해서 만족도가 더 높아진다기보다, 이미 만족도가 높은 사람은 굳이 새로운 지출을 할 필요가 없기 때문이다.[29]

소득과 나이는 제외했으니 적어도 이 두 요인은 결과에 영향을 끼치지 않는다. 저축은 청년층과 노년층의 만족도는 높여주지 않고 오히려 40~60세의 경우 만족도를 높여준다. 소득 수준과 나이를 막론하고 소득의 약 30퍼센트를 저축하는 사람은 만족도가 더 높다. 재산이 많고 적고에 따라서 만족도 변화도 다르다. 소득 분포의 하위에 속한 사람은 상위에 있는 사람보다 저축할 때 만족도가 약간 높아지긴 하지만 미미한 수준이다. 어떤 경우가 됐든 저축은 시작이 중요하다. 0퍼센트에서 10퍼센트로 저축 비율을 늘리면 만족도가 약 1점 높아지고, 30퍼센트에서 40퍼센트로 늘리면 0.1점 상승하는 데 그친다.

저축의 목적에 따라서도 만족도가 달라진다. 데이터에 따르면 휴가나 집처럼 기대감을 갖게 하는 구체적인 목적을 위해 저축하는 사람은 만족도가 더 높다. 반면 예기치 못한 일에 대비하기 위해서나 훗날 상속하려는 목적으로 저축하는 경우 만족도는 거의 높아지지 않는다. 그런 점에서 구체적인 이점을 염두에 두고 저축하는 것이 효과적이라 할 수 있다.

퇴사 사유에 따라 만족도가 달라진다

경제학자들은 단단히 미친 게 틀림없다. 수학 점수가 형편없었던 탓에 경제학을 공부할 만큼 머리가 좋지 못했던 사람의 피해의식에서 하는 말이 아니다(사실이긴 하지만). 경제학의 가설들이 너무 해괴한 나머지 현실과 배치되는 경우가 많기 때문이다. 예를 하나 들어보자. 고전 경제학자들은 실업이 자발적이라고 가정한다.[30] 실업자 중에 과연 이에 동의할 사람이 얼마나 될까? 이처럼 현실과 명백하게 모순되는 가정이 어떻게 가능한 걸까? 경제학자들은 모든 사람을 위한 일자리가 마련돼 있다고 주장한다. 그들에 따르면 실업자는 그 임금을 받고 일을 할 생각이 없을 뿐이며, 생계 유지라는 측면만 생각하면 누구든 일자리를 구할 수 있다. 쉽게 말해 실업자는 기존 임금에 불만을 품고 실업을 자발적으로 택한 사람들이라는 말이다.

실업자들의 불만족도가 매우 높다는 연구 결과가 나왔을 때 경제학자들이 아연실색한 것도 이 때문이다. 실업이 자발적인 선택이라면 불만족도가 높을 이유가 없는 데다 일부러 불만족을 택하는 사람도 없을 테니 말이다. 하지만 대부분의 연구는 실업이 삶의 만족도에 큰 영향을 끼친다는 데 동의한다.[31] 실업자는 만족도가 6.4점 더 낮다. 실직한 후에 자산이 그대로인 사람도 만족도가 4점 더 낮다. 돈이 줄어들어서 불만족도가 더 높아지는 것만은 아니라는 뜻이다.[32] 반면 사람들을 고용 창출 대책에 투입해볼 수도 있다. 그런 활동 자체가 만족을 줄 수 있기 때문이다.[33] 하지만 자발적 실업이라는 기이한 이론에도 한 가지 진실은 담겨 있다. 실업자의 불만족도는 자발적 퇴사냐 아니냐에 따라 달라진다는 점이다. 〈그림 3-11〉은 일을 그만둔 이유에 따라 달라지는 만족도를 보여준다.

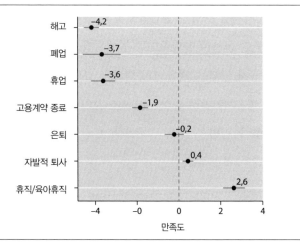

〈그림 3-11〉 **직장을 그만둔 이유에 따른 만족도**

보다시피 실업이 비자발적일수록 만족도가 떨어진다. 고용주에게 해고당한 사람은 불만족도가 4.2점으로 매우 높다. 폐업하거나 휴업한 사람은 불만족도가 약 3.6점이고, 고용계약이 종료된 사람은 불만족도가 약 2점이다. 실업을 예측할 수 있다 해도 공포는 여전한 것이다.

하지만 모든 유형의 '실업'이 불만족을 가져오는 것은 아니다. 은퇴한 경우 불만족도는 아주 약간 떨어질 뿐이며, 자발적으로 퇴사한 사람은 오히려 만족도가 약간 높아지고 휴직 중이거나 육아휴직 중인 사람은 만족도가 2.6점으로 더 높아진다. 따라서 실업이 자발적이라는 해괴한 가정은 매우 중요한 격차를 숨기고 있는 셈이다. 즉, 자발적인 경우에는 큰 문제가 안 되지만 그 외 비자발적인 경우에는 실업이 만족도를 크게 떨어뜨린다. 그러니 실업이 만족도를 크게 떨어뜨린다는 말만 믿고 퇴사를 무조건 겁낼 필요는 없다. 스스로 퇴사한 사람은 불만족도가 더 높아지지 않기 때문이다. 기존 연구도 실업은 불만족도를 높이지만 자발적으로 퇴사한 경우에는 그렇지 않다는 점을 입증한다.[34] 그렇다면 직장은 언제 그만두는 게 좋을까? 직무 관련 스트레스 요인을 따져보면 최적의 시기를 가늠할 수 있다.

직무 스트레스가 만족도에 미치는 영향

대학 친구인 마렉은 원래 차분한 성격이었다. 그런데 요즘은 일 때문에 부쩍 불안해한다. 특히 고용 불안정, 과도한 업무량, 희박한 승진 가능성을 늘 걱정한다. 친구 페터 역시 고용 불안정 때문에 바짝 긴장해 있고 지금 직장에서는 희생을 강요당한다며 불만을 토로한다. 하지만 지금 하는 일이 그저 돈벌이 수단이라고 생각하고 스트레스로 괴로워하지도 않는다. 직무 스트레스를 유발하는 가장 큰 원인은 무엇일까?

나는 직무를 수행할 때 우울증을 유발하는 요인을 조사한 SOEP의 데이터를 활용해 이를 분석했다. 통계를 낼 때 구체적인 직업군은 제외했는데, 직무 관련 스트레스를 호소하는 경우 하위 직업군에 종사하고 있을 가능성이 크기 때문이다. 이 경우 일의 특정 측면이 아니라 직업 자체가 만족도를 떨어뜨리는 원인이 될 수 있다. 〈그림 3-12〉는 직업이 바뀌지 않는 상황에서 여러 요인으로 직무 스트레스가 더 늘어날 경우 한 사람의 불만족도가 어떻게 변하는지를 보여준다.

일부 요인들은 만족도에 훨씬 더 큰 영향을 미치는 것으로 보인다. 마렉이 직장 문제로 늘 저기압 상태였던 것도 놀랄 일은 아니다. 그의 걱정거리는 만족도에 가장 부정적인 영향을 끼치는 요인들이기 때문이다. 고용 불안정을 걱정하는 사람은 불만족도가 약 3점 더 높다. 과도한 업무량과 희박한 승진 가능성도 만족도를 1.3

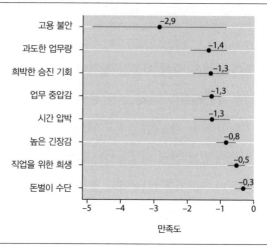

〈그림 3-12〉 **직무 스트레스 요인에 따른 만족도**

점 떨어뜨린다. 페터가 비교적 중압감을 덜 느끼는 것도 놀랍지 않다. 직업을 돈벌이 수단으로만 여기거나 자기를 희생한다는 인식으로 인한 불만족도는 기껏해야 0.5점 높아지는 정도다. 요컨대 고용 불안정에 시달리고 업무량이 과하며 승진 기회가 적고 업무 압박에 시달리고 있으며 마감 스트레스가 심할 경우 만족도는 낮아지는 반면, 오직 돈을 벌기 위해 일한다는 생각이나 일을 위해 자기를 희생하고 있다는 생각은 만족도에 큰 영향을 주지 않는다. 이외에 생각만큼 부정적이진 않은 직업 관련 스트레스 요인이 하나더 있는데, 바로 통근이다.

통근 시간은 생각보다 중요하지 않다

〈쥐트도이체 차이퉁(Süddeutsche Zeitung)〉부터 〈비르츠샤프트보케
(WirtschaftsWoche)〉와 〈프랑크푸르터 알게마이네 차이퉁(Frankfurter
Allgemeine Zeitung)〉에 이르는 언론사들이 한 목소리로 전하는 바
에 따르면 통근은 사람을 불행하게 한다. 나 역시 기차로 쾰른에서
마르부르크까지 통근한다. 기차가 정시에 운행한다면 통근할 만한
거리다. 하지만 이런 뉴스를 꾸준히 접하다 보니 통근이 그렇게 부
정적이기만 한 것인지 궁금증이 일었다. 우리가 삶의 만족도를 높
여주는 것이 무엇인지 잘 모르는 것처럼 혹시 나도 자기기만에 빠
진 건 아닐까? 통근 거리가 짧아지면 만족도도 더 높아질까? 구하
면 얻으리니, 때마침 〈비르츠샤프트보케〉에 통근하는 직장인들은
자기기만에 빠져 있다는 기사가 실렸다.[35]

이 기사는 노벨상 수상자인 대니얼 카너먼이 세계 최고의 과학
학술지에 발표한 논문을 인용한다. 카너먼은 피험자들에게 최근에
있었던 일 중 가장 좋았던 일과 가장 나빴던 일을 말해달라고 요청
했다. 통근은 긍정적인 반응이 제일 적었다. 경제학자 브루노 프레
이(Bruno Frey)와 알로이스 스투처(Alois Stutzer)도 이를 근거로 독일
인 역시 통근 시간이 길어질수록 불만족도가 더 높아진다는 연구
결과를 발표했다. 당시만 해도 상관성이 매우 높지는 않았다. 통근
시간이 50분 이상인 경우 불만족도가 약 2점 더 높은 것으로 나타
났기 때문이다. 그래도 이 결과면 충분하다고 생각한 두 사람은 여

러 학술지에 관련 논문을 발표했다. 하지만 이를 자기표절로 판단한 학계에서 논문 게재를 금지했고, 이 불상사로 프레이는 교수직까지 잃었다.[36] 당시 이 소식은 수많은 이들의 입에 오르내렸다. 사실 자기표절보다 더 큰 문제는 내가 산출한 결과에서 알 수 있듯 그들의 통계가 틀렸다는 점이다. 나는 비정규직 집단과 정규직 집단으로 나눈 후 통근 거리에 따라 각각 10개 단위로 재분류했다. 이를 바탕으로 한 〈그림 3-13〉은 통근 시간이 더 늘어날 때 한 사람의 만족도가 어떻게 달라지는지를 보여준다.

통근 거리가 41km 이상인 경우 불만족도가 약 10퍼센트로 제일 높았다. 그런데 통근 거리가 0이었던 해에 비하면 불만족도가 채 1점도 오르지 않은 수준이다. 다만 아침저녁으로 같은 거리를 출퇴근해야 하니 결국 매일 80km 이상을 출퇴근한다면 불만족도

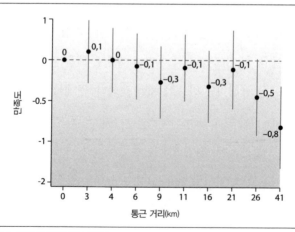

〈그림 3-13〉 **통근 거리에 따른 만족도**

가 올라간다.

혹시 통근 거리가 아니라 통근 시간이 문제인 건 아닐까? 쾰른에서 프랑크푸르트까지 약 200km에 이르는 거리는 기차로 약 1시간이면 간다. 게다가 통근 시간 관련 데이터는 통근 거리 데이터보다 적어 한 사람의 변화가 아닌 집단 간 비교만 가능하다. 그럼에도 통근 시간은 만족도와 관련이 없는 것으로 나타난다. 출퇴근에 각각 1시간 이상 걸리는 경우에만 불만족도가 약간 더 높아진다. 출근하는 데 30분 이상 소요된다고 해서 6분 미만일 때보다 불만족도가 현저하게 높아지는 건 아니다.

〈그림 3-14〉를 보면 통근 시간은 만족도에 현저한 영향을 미치지 않는다. 통근이 만족도에 미치는 영향은 성별이나 결혼 상태에 따라서도 달라지지 않는다. 남성이든 여성이든, 자녀가 있든 없

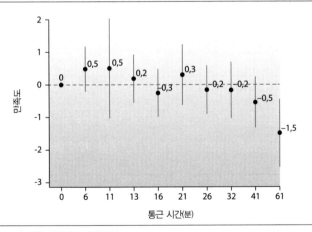

〈그림 3-14〉 **통근 시간에 따른 만족도**

든 통근은 만족도에 부정적인 영향을 미치지 않는 것으로 나타난다. 그렇다면 특정 교통수단이 만족도를 떨어뜨리는 걸까? 자전거 타기나 달리기와는 달리 자동차나 기차를 탈 때 더 짜증이 나는 건 아닐까? 이 역시 터무니없는 소리다. 교통수단과 만족도의 상관성을 보여주는 명확한 근거는 없다. 최악이라고 해봐야 가장 먼 거리를 통근하는 10퍼센트의 만족도가 1점 낮은 게 전부다. 이는 신문 기사와 일치하는 건 아니지만 통근 거리가 80km 이상일 때는 만족도에 부정적인 영향을 끼친다는 최근 연구 결과들과는 일맥상통한다.[37] 이에 대한 반론 기사도 있긴 하지만 지나치게 먼 거리만 아니라면 통근이 부정적인 영향만 끼친다는 근거는 사실상 없다. 물론 80km 이상 통근할 경우 2시간을 도로에서 보내야 한다는 게 단점이라면 단점이다.

4장

관계, 친구는
많을수록 좋을까

자유시간은 하루 3시간이면 충분하다

누구나 자유시간을 원한다. 나는 대학 시절 첫 방학을 맞이했을 때 이 행운을 실감하지 못했다. 강의만 없다 뿐이지 휴식은커녕 실습과 과제를 하고 시험을 준비하며 뜻있게 보내야 하는 시간임을 방학이 끝날 무렵에야 깨달았다. 방학 첫째 달에는 방학의 중요성을 알지 못했다. 우선 수년간 하지 못했던 일들을 해치웠다. 쌓아둔 책을 모두 읽고 한동안 못 본 친구도 만나고 커맨드 앤 컨커(Command & Conquer)라는 컴퓨터 게임도 결말을 봤다. 하지만 미처 몰랐던 한 가지 문제에 부딪혔다. 바로 자유시간이 너무 길다는 것이었다. 더는 아무런 동기를 느낄 수 없었다. 둘째 달에는 매일 오후 1시쯤 일어나 미라콜리(Mirácoli) 파스타를 앞에 놓고 이게 아침일까 점심일까를 생각하며 사색에 잠겼다. 그것만으로도 피로감이 엄습했고 잠옷 차림으로 컴퓨터 앞에 앉아 지겹도록 게임을 하며 온종일 시간을 때웠다. 그러다 언제 15시간이 지났는지도 모르게 아침 6시가 되면 잠자리에 들었다. 어쩌다 그 지경이 된 걸까?

막상 그토록 원한 자유시간을 얻자 내적 동기가 전혀 없었던 십 대 시절로 회귀하고 말았다.

그 다음 학기에 1933년에 출간된 사회학 연구서 《실업자 도시 마리엔탈》을 읽고 자유시간 방임의 의미를 알게 됐다. 전설적인 사회학자들이자 이 책의 공동 저자인 마리 야호다(Marie Jahoda), 파울 라차르스펠드(Paul Lazarsfeld), 한스 차이젤(Hans Zeisel)은 자유시간이 넘쳐날 때 어떤 일이 일어나는지를 연구했다. 한 마을의 유일한 대형 공장이 폐업하자 수많은 이들이 실업자로 전락했고, 그 결과는 내 경험과 다르지 않았다. 특히 남성들은 자유시간을 제대로 활용하지 못했다. 걸음걸이가 느려졌고 자주 허공을 응시했으며 갈수록 무뎌졌다. 그러다 나치즘이 도시를 장악하면서 이들은 다시 할 일이 생겼다는 생각에 들떠 열정적으로 동조했다.[1] 이는 자유시간이 어떻게 골칫거리로 부상하는지를 보여준 최초의 경험적 연구였다. 중용의 미덕은 뭘까? 자유시간은 얼마나 필요하고, 또 언제 넘쳐나는 걸까? 〈그림 4-1〉은 평일에 자유시간을 얼마나 보장받느냐에 따라 한 사람의 만족도가 어떻게 달라지는지를 보여준다.

그림에서 볼 수 있듯 평일 자유시간이 3~4시간인 해에 만족도는 1점대로 높아졌다. 삶의 만족도가 급상승한 구간은 1~2시간이다. 그런데 이 그림으로 자유시간이 만족도에 끼치는 영향을 정확히 알아낼 수 있을까? 가령 실직자라서 자유시간이 많은 경우 실업 상태에 불만을 느껴 오히려 불만족도가 높지 않을까? 여기서는 한 사람의 고용 상태를 고정해 만족도를 비교함으로써 이 같은 요인

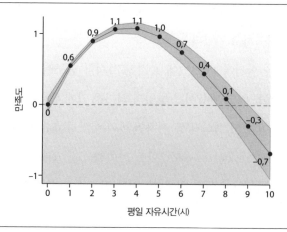

〈그림 4-1〉 **평일 자유시간에 따른 만족도**

은 제외했다. 노동 시간과는 무관하게 휴식과 방탕한 생활을 적당
히 절충한 자유시간은 매일 3~4시간이다. 반면 자유시간이 8시간
일 때는 자유시간이 전혀 없을 때와 같은 수준으로 만족도가 떨어
진다. 자유시간이 10시간을 넘어가면 상황은 더 악화된다. 주말에
는 조금 다르다. 자유시간이 더 많다고 해서 곧바로 만족도가 높아
지는 건 아니지만 적어도 더 떨어지지는 않는다. 〈그림 4-2〉에서
이를 확인할 수 있다.

평일처럼 주말에도 반드시 자유시간을 갖는 것이 무엇보다 중요
하다. 한두 시간이라도 만족도를 높이는 데는 충분하다. 하지만 자
유시간이 많아질수록 추가 시간은 의미가 없어진다. 자유시간이 3
시간 이상 늘어나면 아무런 이득이 없다. 성별 간 차이도 크지 않
고 집단 간 비교에서도 마찬가지다. 약간의 자유시간은 매우 유익

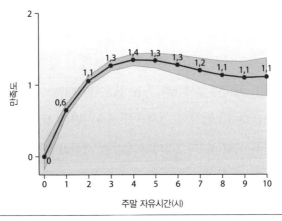

〈그림 4-2〉 **주말 자유시간에 따른 만족도**

하지만 자유시간이 점점 늘어나면 이득도 점점 줄어든다.

여타 연구들도 자유시간은 약 2시간이면 충분하며, 더 길어질 경우 오히려 상황은 더 악화될 수 있다고 보고한다. 조사 대상자들 스스로도 자유시간이 너무 적어도 스트레스를 받지만 더 많아져도 비생산적이라고 말한다.[2] 따라서 스트레스를 줄이고 재충전하는 데는 2~4시간의 자유시간이 최적이라 할 수 있다. 연구에 따르면 자유시간에 하는 활동에 흥미를 느끼지 못할 경우 자유시간이 만족도를 높이지 못한다. 자유시간에 최소 한 가지 이상의 활동을 즐기는 사람은 자유시간이 많아져도 만족도가 떨어지지 않았다. 하지만 대다수는 자유시간에 하는 활동에 한없이 흥미를 느끼는 건 아니다 보니 자유시간이 주어지더라도 만족도는 높아지지 않았다.[3]

여러분은 일을 즐기는 워커홀릭인가? 아니면 자유시간이 부족한 바쁜 삶을 살고 있는가? 만족도 데이터에 따르면 두 경우가 꼭 나쁜 건 아니다. 자유시간이 만족도에 특별히 큰 영향을 미치지 않기 때문이다. 게다가 2시간의 자유시간이면 대체로 만족도를 높이는 데 충분하다. 여러분도 2시간의 자유시간을 갖도록 하라. 일이 너무 많아 어렵다고? 그렇다면 시간을 벌어라. 이 역시 만족도를 높여줄 수 있다. 한 연구에 따르면 가사도우미 구하기, 외식하기, 식기세척기처럼 시간을 절약하는 데 돈을 쓰면 만족도가 높아진다. 하지만 백만장자들도 돈을 주고 시간을 살 생각을 하는 경우는 드물다.[4] 시간은 없지만 돈이 있다면 하루에 최소 2시간은 자유시간을 확보하는 데 써라.

휴가를 떠나라

우리는 자유시간이 만족도에 그리 큰 영향을 끼치는 건 아니며, 자유시간이 짧더라도 최대의 효과를 얻을 수 있다는 사실을 확인했다. 그렇다면 휴가는 어떨까? 독일의 경우 휴가 기간은 보통 6주다. 독일은 1963년부터 24일의 연차 휴가를 법적으로 보장하고 있다. 그렇다면 과거에는 휴가가 짧아서 불만족도가 더 높았을까? 미국의 경우 법적 휴가를 보장받을 권리는 여전히 요원하다. 일본도 휴가 기간은 약 2주다. 휴가가 짧으면 불만족도가 더 높을까?

이 경우 휴가가 꼭 필요하다고 생각하는지, 아니면 휴가가 짧아도 별 불만 없이 지내는 데 익숙해진 것인지 등을 고려해야 한다. 나는 휴가에 반대하지 않는다. 아니, 휴가를 반대하는 사람이 과연 있을까? 휴가 일수가 어느 정도일 때 만족도가 높아질까? 〈그림 4-3〉은 휴가 일수에 따라 한 해 동안 한 사람의 만족도가 어떻게 변하는지를 보여준다.

자유시간과 마찬가지로 휴가 역시 짧아도 무방하다. 휴가가 닷새에 불과하더라도 휴가가 없는 해보다 만족도는 3.6점 더 높다. 하지만 휴가가 30일이어도 추가로 고작 1.6점 더 높아질 뿐인데, 이는 중간 수준에 불과하다. 게다가 30일 이상으로 늘어나면 만족도에 아무 이득이 없다.

회색으로 넓게 칠해진 신뢰구간은 정확한 수치가 아닌 추정치

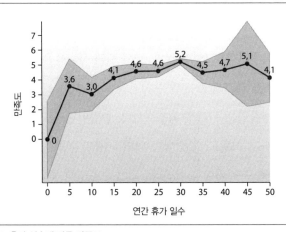

〈그림 4-3〉 **휴가 일수에 따른 만족도**

를 보여준다. 이는 한편으로는 표본 수가 적기 때문이고, 다른 한편으로는 만족도와 휴가 기간 간 밀접한 관계가 발견되지 않기 때문이다. 따라서 짧은 휴가로도 만족도가 높아 수 있고, 동시에 긴 휴가가 불만족스러울 수도 있다. 최소 5일의 휴가는 만족도에 끼치는 영향이 크다. 하지만 여기에도 변수는 많다. 휴가를 가면 만족도가 높아지는 사람이 있는 반면 그렇지 않은 사람도 있다. 혹시 직업에 따라 휴가 기간에 차이가 있는 건 아닐까? 아니면 소득에 차이가 있는 건 아닐까? 나는 이러한 방해 요인을 제외하기 위해 직장과 월급을 고정했을 때 휴가 일수에 따른 한 사람의 만족도를 비교했다. 놀랍게도 어떤 직업이든 소득이 얼마든 5일 이상의 휴가는 만족도에 별반 이득이 되지 않는다.

최근 연구에 따르면 휴가가 만족도를 높이는 건 맞지만 휴가의 긍정적인 효과는 휴가 일수와 무관하게 직장에 복귀한 첫 주에 곧바로 사라진다.[5] 짧은 휴가를 여러 번 가는 것이 어쩌다 한 번 휴가를 가는 것보다 삶의 만족도에 더 유익하다. 그럼 그냥 집에서 뒹구는 게 최선일까? 그렇지 않다. 조사 결과 사람들은 휴가 중 수면, 스포츠 활동, 사교 활동에 많은 시간을 쓰고, 가사노동이나 현재 하는 일을 생각하는 시간은 최소화한다. 주말에는 이렇게 시간 분배를 하기가 더 어렵고, 주중에는 더더욱 불가능하다. 이 경우 피로도와 불만족도도 가장 높아진다.[6] 편안한 주말이 좋기는 해도 짧은 휴가가 차라리 더 낫다. 요컨대 데이터가 전하는 메시지는 휴가를 떠나라는 것이다. 1년에 최소 일주일은 휴가를 떠나는 것이 가장 중요하다. 다만 아무리 즐거운 휴가라도 일상으로 복귀하면 그 여운은 금세 사라질 것이다.

친한 친구는 5명이면 충분하다

록 팬들에게 커트 코베인(Kurt Cobain)의 존재가 그렇듯 에밀 뒤르켐(Émile Durkheim)은 사회학자들 사이에서 신적인 존재로 통한다. 그는 19세기 말 심리학에 대항해 사회학을 창시한 학자로, 사람들은 스스로가 행복한지 불행한지 잘 알지 못하며 이는 개인적인 문제가 아닌 사회 구조적인 문제 때문이라는 주장을 펼쳤다. 그는 심리학자들이 환자를 소파에 눕혀놓고 제아무리 오래 상담한다 한들 행불행의 원인을 알아낼 수 없으며 사람의 의식을 파고들 게 아니라 사회적 요인들을 밝혀내야 어떤 사람이 왜 더 행복한지를 알 수 있다고 주장했다. 뒤르켐은 사람들이 사회적 연대를 형성할 때 번영한다고 가정한다. 개인이 사회와 결속하지 못하면 극단적 선택을 하게 된다.[7] 페이스북 친구가 150명, 300명, 1,000명에 달하는 요즘 사람들은 과연 행복할까?

인류학자인 로빈 던바(Robin Dunbar)가 그 답을 찾았다. 그는 3,500만 명을 대상으로 전화 설문조사를 실시해 응답을 분석한 결과 절친한 친구가 5명 이상인 경우는 거의 없다는 것을 밝혀냈다.[8] 친한 친구들은 여러분이 자신에게 관심과 애정을 가져주길 기대하고 여러분도 마찬가지로 이를 기대하겠지만 시간은 한정돼 있다. 10명의 친구들과 매주 2시간씩 통화한다면 주중 근무 시간의 절반인 20시간이 사라진다. 그렇다 보니 마음처럼 친구를 챙기기가 어렵고 그래서 극소수의 친한 친구들만 남는다. 더 많은 친구를 바란다면 우정 대신 스트레스만 얻을 것이다.

그렇다면 뒤르켐과 던바가 하고 싶었던 말은 뭘까? 친구가 더 많아지면 만족도도 높아진다는 말일까, 친구는 5명이면 충분하다는 말일까? 〈그림 4-4〉의 회색 점은 집단 비교, 즉 친구가 늘 많은 집단의 만족도를 나타내고 검은 점은 한 사람이 친구가 더 많아진 해의 만족도 변화를 보여준다.

회색 점은 친구들이 항상 많은 경우 실제로 만족도가 훨씬 더 높아진다는 것을 보여준다. 행복 연구에서 친구보다 중요한 것은 없

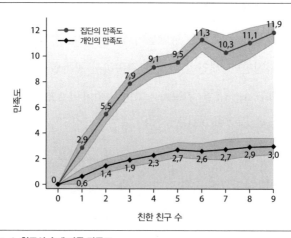

〈그림 4-4〉 **친구의 수에 따른 만족도**

다는 결과가 나타난 것도 놀라운 일은 아니다. 검은 점은 한 사람이 친구가 별로 없었을 때보다 친구가 많았던 때에 만족도가 중간 수준에 불과한 3점까지 높아진다는 것을 보여준다. 만족도가 매우 높은 사람들에게 친구가 더 많이 생기면 만족도가 훨씬 더 높아질 거라고 넘겨짚어서는 안 된다. 그런 경우도 있긴 하지만 대체로 집단 비교에서 나타난 효과의 4분의 1에 불과하다.

또한 던바가 옳았다는 것도 입증된다. 친한 친구가 5명 이상일 때 만족도는 그다지 높아지지 않는다. 원래 친한 친구가 5명 미만 이었다가 늘어나는 경우에는 만족도가 조금 더 높아진다. 하지만 이미 친한 친구가 5명인 사람은 친구가 늘어나도 만족도에 그다지 득 될 게 없다.

남성은 혼자서도 잘 지낸다는 말도 틀렸다. 남성이든 여성이든 상관관계는 비슷하게 나타난다. 다만 싱글의 경우 우정이 이득이 된다는 말은 사실이다. 연애를 시작하자마자 연락이 뚝 끊긴 친구가 있다면, 안타깝지만 그럴 만한 이유가 있다. 안정적인 반려자가 생기면 실제로 친구를 덜 만나기 때문이다.

하지만 친구가 있다는 것만으론 충분하지 않다. 직접 만나기도 해야 한다. 얼마나 자주 만나야 되냐고? 〈그림 4-5〉의 회색 점은 원래 친구들을 자주 만났던 집단의 만족도를 나타내고 검은 점은 한 사람이 친구들을 그전보다 더 자주 만날 때 만족도 변화를 보여 준다.

최소 한 달에 한 번 이상 늘 친구들을 만났던 집단은 친구들을 전혀 만나지 않은 집단보다 만족도가 10점 이상 높아진다. 한 사람이 최소 한 달에 한 번 친구들을 만나면 만족도가 3점 이상 높아진다. 흥미로운 건 친구 수가 만족도에 끼치는 영향뿐이 아니다. 친구를 매달 한 번 봤을 뿐인데 이만큼 높아진다는 사실도 놀랍다. 하지만 여타 연구에서는 이 정도도 만족도에는 충분하다는 것을 입증한다.[9] 나는 여기서도 결과가 왜곡되지 않도록 몇 가지 요인을 제외했다.[10]

이 결과가 한 가지 상관성만 보여주는 것이 아니라 인과관계를 보여준다는 증거가 있다. 한 연구에서 조사 대상자들에게 자신을 만족시키는 게 무엇인지 써달라는 요청을 했다. 95퍼센트가 1순위로 사회적 접촉을 꼽았다. 또 다른 연구에서는 50세인 경우 30세 이전에 사회적 접촉이 많을수록 만족도가 더 높아진다는 점을 밝

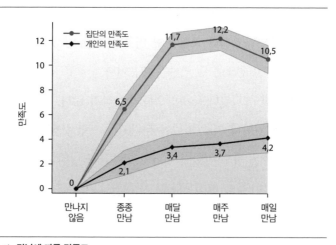

〈그림 4-5〉 **만남에 따른 만족도**

혀냈다. 이는 친구들이 실제로 만족도에 영향을 미친다는 것을 시사한다.[11] 친구를 만나면 더 행복해지고 더 행복하면 친구를 더 만나는 선순환이다.[12] 그렇다고 '친구를 만나라, 친구가 없다면 아무나 친구로 삼아라!'와 같은 조언으로 받아들이라는 뜻은 아니다. 그전부터 친구들을 자주 만난 사람들보다 만족도가 높아질 거라고 기대해선 곤란하다. 다만 큰 영향은 아니더라도 데이터에 따르면 분명 효과는 있다. 만족도를 크게 높여주는 것 중에 이만큼 실천하기 쉬운 것도 없다. 매달 한 번이라도 친구를 만나는 건 만족도에 큰 이득이 된다.

그렇다면 왜 친구들은 만족도를 높여줄까? 어떤 유형의 친구가 그럴까? 허황된 한 이론에 따르면 아프리카 사바나에 살던 초기 인류의 생존율은 '친구' 때문에 높아졌다고 한다. 친구가 생존을 결정한다는 과학자 등 극소수의 지식인들은 생존력이 강한 고학력자들의 경우 친구를 둬서 득이 될 게 없다고 결론 내린다.[13] 이 이론은 헛소리에 불과하다. 고학력자도 저학력자와 똑같이 친구가 만족도를 높여준다. 친구는 누구에게나 필요한 존재다.

그렇다면 소셜 네트워크는 사람 간 교류를 대체할 수 있을까? 아니면 오히려 해로울까? 자신의 소셜 네트워크 계정을 자주 확인하는 것은 만족도를 높이는 데 전혀 도움이 안 된다. 종일 모니터만 쳐다보고 살다가 하루 3시간으로 줄인다고 해서 불만족도가 더 높아지는 것도 아니다.

여타 연구에서도 3가지 사실을 한 번 더 입증하고 있다. 첫째, 친구는 만족도에 중요하다. 하지만 이미 너무 많은 상태라면 친구가 더 많아진다고 해서 만족도가 높아지는 건 아니다. 둘째, 친구를 만나는 건 중요하지만 매달 정기적으로 만날 때 긍정적인 효과가 나타난다. 셋째, 온라인 친구들은 실제 친구들을 대체하지 못한다. 하지만 온라인 친구들이 불만족도를 높이는 것도 아니다.[14]

디지털 세계의 우정이 아무 소용도 없다면 왜 사람들은 소셜 네트워크에 게시물을 올려서 관심을 구하는 걸까? 경험적 연구에 따르면 성격 특성 때문이다. 외향적인 사람은 소통하고 싶어서 자신의 일상을 게시한다. 개방적인 사람은 정보를 알리고 싶어서 지적인 주제에 대한 게시물을 올린다. 자신감이 부족한 사람은 자신의 연애에 대한 게시물을 올린다. 관계를 확신하고 영역을 표시하기 위해서다. 나르시시스트는 자신의 성취와 음식, 스포츠 활동을 주로 게시한다.[15] 요컨대 페이스북 활동을 통해 그 사람의 성격은 알 수 있지만 만족도는 알 수 없다.

나이가 들었다면 사교 활동에 참여하라

성경책부터 수많은 지침서에 이르기까지 타인을 도우면서 사는 것이 우리에게 이롭다고 말한다. 행복 연구도 마찬가지다. 인간의 만족도는 유전적으로 결정된다는 세트포인트 이론에 대항해 등장한 이른바 '진정한 행복' 이론은 삶에 의미를 부여하는 이타적인 목표

를 추구할 때 장기적으로 더 행복해질 수 있다고 주장한다.[16] 그런
의미에서 봉사 활동은 만족도와 밀접한 연관이 있다. 사람들은 친
구들과 함께 있을 때 만족도가 더 높아지지만 친구가 더 많이 생긴
해에 만족감이 크게 높아지는 건 아니다. 봉사 활동 참여도 다르지
않다. 봉사 활동에 더 많이 참여하는 사람은 만족도가 더 높아질
수 있다. 그렇지만 그전보다 봉사 활동에 더 적극적으로 참여한다
해서 만족도가 무조건 더 높아지는 건 아니다.

〈그림 4-6〉의 회색 점은 실제로 항상 봉사 활동에 참여한 사람들
이 사회활동에 한 번도 참여하지 않았던 사람들보다 만족도가 4~6
점까지 더 높아진다는 것을 보여준다. 그런 의미에서 봉사 활동에
적극 참여하는 사람들은 실제로도 더 만족도가 높다. 그런데 봉사
활동에 그전보다 더 자주 참여하면 더 행복해질까? 검은 점에서 볼

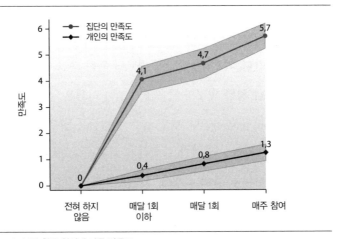

〈그림 4-6〉 **봉사 활동 참여에 따른 만족도**

수 있듯 큰 변화는 없다. 한 사람이 매주 봉사 활동에 참여할 경우에도 전혀 참여하지 않는 사람보다 만족도는 고작 1.3점 더 높아질 뿐이다. 이는 강한 영향이 아닌 중간 수준에 해당하며 4배의 격차를 보이는 집단 만족도에 비하면 보잘것없는 수준이다.

그림을 보면 참여도가 더 높은 사람들이 만족도도 훨씬 더 높다는 사실을 알 수 있다. 우울증에 시달리는 사람이 지구를 구한다거나 무기력증에 빠진 사람이 세계 기아 문제를 해결한다는 것도 상상하기 어렵다. 과학적 연구들도 바로 여기에 초점을 맞추고 있다. 하지만 개별 만족도를 보면 인과관계가 잘 드러나지 않는다. 한 사람이 봉사 활동에 그 전보다 더 많이 참여할 때 만족도가 훨씬 더 높아지는 건 아니기 때문이다.[17]

봉사 활동이 전반적으로 만족도에 뚜렷한 영향을 끼치지 못하는 이유는 뭘까. 나이가 들어서야 비로소 봉사 활동 참여가 더 중요해지기 때문이다. 가령 30세 미만인 경우 봉사 활동에 참여해도 만족도는 전혀 높아지지 않는다. 반면 50세 이상은 평균보다 2배 더 만족도가 올라간다. 왜일까? 연구에 따르면 특히 타인과 함께할 일이 좀처럼 없거나 친한 친구의 죽음을 경험한 사람은 봉사 활동에 참여하면 만족도가 높아진다. 반면 젊은 사람들은 일부러 모임을 가질 필요가 없다. 학교나 직장, 술집에서 자연스레 만나기 때문이다. 반려자와의 사별로 인해 인생의 새로운 목적을 찾을 일도 거의 없다. 그보다는 직업 교육 이수, 반려자 찾기, 안정적 소득으로 가정 꾸리기처럼 구체적인 인생의 과업을 먼저 완수해야 한다. 요컨대 삶에 뿌리를 내리는 일이 더 급하다. 하지만 나이가 들고 인생의 목표를 얼마간 달성하고 나면 앞으로 전진하는 일보다 의미 있는 삶을 사는 일이 더 중요해진다. 50대 중반에는 이러한 삶의 목적의식, 즉 봉사 활동을 통해 사회적 교류를 늘려나가고 더 나은 세상으로 바꾸고 있다는 감정을 중시하면서 더는 사교장소를 쫓아다니지 않게 된다.[18]

따라서 삶의 전반기에 있는 40세 이하의 성인으로서 개인적인 목표를 아직 달성하지 못한 사람은 봉사 활동에 참여하고 싶은 생각이 없어도 양심의 가책을 느낄 필요는 없다. 하지만 삶의 의미와 사회적 교류를 원하는 노년층이라면 봉사 참여가 답이 될 수 있다. 게다가 세상을 조금이나마 더 나은 곳으로 만들 수 있다는 점에서 일석이조다.

지금까지 살펴본 내용에서 여러분이 새겨야 할 조언은 만족도를 높이는 데 사회적 교류가 최우선이라는 것이다. 이례적으로 인과관계가 분명히 드러난 경우도 있다. 가령 어느 연구에서는 조사 대상자에게 만족도를 높이는 방법을 실천하게 한 후 1년 뒤 그중 어떤 방법이 효과적이었는지를 측정했다. 사회적 교류를 더 늘리는 전략을 쓴 경우 실제로 만족도가 약 2점 더 높았다.[19] 반면 금연처럼 타인과의 접촉이 없는 전략을 쓴 경우 만족도는 높아지지 않았다. 타인과 더 자주 어울리도록 노력하면 실제로 만족도는 더 상승한다는 점에서 통계적인 연관성이 아니라 실질적인 인과관계를 보여주는 듯하다. 아니면 그냥 잠이나 자는 게 상책일 때도 있긴 하지만 말이다. 수면이 왜 상책인지는 지금부터 살펴보자.

최소 7시간은 자라

나는 8시간 미만으로 수면을 취하면 극도로 신경질적인 사람으로 돌변한다. 정치인과 사업가들이 지독스레 잠을 줄인 경험에 대해 말할 때면 듣기가 영 거북하다. 특히 습관의 문제라는 말은 귀에 못이 박히도록 들었다. 나는 수면 시간을 줄여보려고 별의별 노력을 다했다. 매일 저녁 에스프레소를 미리 추출해 놓고 다음 날 아침 일어나자마자 아이스 아메리카노 만들어 마시기, 식단 바꾸기, 낮에 햇볕 쬐기, 침실을 어둡고 조용하고 서늘하게 유지하기, 스마트폰에 수면 추적기 설치하기, 조명 알람시계 설치하기 등등 수면 시간을 줄여보려 갖은 노력을 했지만 얻은 거라곤 다크 서클뿐이었다.

〈그림 4-7〉이 반가운 것도 그래서다. 이 그림은 짧은 수면이 만족도를 치명적으로 떨어뜨리는 요인임을 나타낸다. 회색 점은 한 사람의 주중 수면 시간이 7시간 미만일 때 불만족도가 급상승한다는 사실을 보여준다. 반면 한 사람이 주중 10시간 이상 수면을 취할 경우에도 불만족도가 높아진다. 하지만 더 놀라운 건 검은색 점이다. 이는 집단 비교를 나타내는데, 수면 시간이 4시간인 집단은 7시간인 집단보다 불만족도가 놀랍게도 17점이나 높다. 지금껏 살펴본

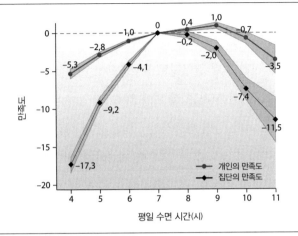

<그림 4-7> **평일 수면 시간에 따른 만족도**

모든 결과를 능가하는 수치다. 게다가 수면 시간이 11시간인 집단은 7시간인 집단보다 불만족도가 11점이나 높다. 수면 시간이 너무 길거나 너무 짧아도 불만족도가 엄청나게 높아진다는 얘기다.

　이는 대체로 사람들이 짧은 수면에 적응하지 못한다는 것을 의미한다. 짧은 수면의 대가는 삶의 만족도 하락이다. 한 사람의 수면 시간이 7시간 미만인 경우도 불만족도가 훨씬 더 높아지지만, 만성 수면 부족인 집단도 불만족도가 훨씬 더 높아진다. 여타 연구도 수면 시간이 평균보다 1시간 더 긴 8~9시간일 때 만족도가 가장 높다는 사실을 입증한다. 이유는 간단하다. 짧은 수면은 피로감뿐만 아니라 불쾌감, 심지어는 우울증까지 유발하기 때문이다.[20]

　짧은 수면은 그렇다 쳐도 긴 수면 시간은 왜 부정적인 영향을 미치는 걸까? 여기서는 동일한 고용 상태의 대상자들을 비교하고 있으므로 잠을 많이 자는 사람은 실업자라서 원래 불만족도가 높았다는 등의 설명은 불가능하다. 일주일에 한 번 이상 스포츠 활동을 할 경우 수면 시간이 더 길어져도 불만족도는 거의 높아지지 않는다. 즉, 긴 수면 시간은 자는 것 외에 딱히 할 일이 없는 경우에나 문제가 되는 듯하다. 반면 활동적인 사람은 수면 시간이 길어도 불만족도가 높아지지 않는다. 주말 수면 데이터를 봐도 연관성이 드러난다. 일을 하지 않아도 되는 주말에는 더 많이 자도 상관없기 때문이다.

〈그림 4-8〉의 검은색 점은 주말 수면 시간이 4시간일 경우 7시간인 경우보다 놀랍게도 불만족도가 17점가량 높다는 것을 보여준다. 한 사람의 경우 주말 수면 시간이 7시간이 아닌 4시간일 때 불만족도는 5점으로 높아진다. 9시간 이상 수면을 취하는 사람은 수면 시간이 짧은 사람보다 만족도가 약간 더 높다. 주말에 항상 수면 시간이 짧은 사람은 만족도가 훨씬 낮다. 이는 부분적으로 수면과 건강이 관련돼 있기 때문이다. 수면 시간이 짧으면 몸이 더 안 좋다고 느끼며, 수면 시간이 길면 그 영향은 절반 수준에 그친다.

수면 시간과 만족도 간 인과관계가 명확히 드러나지 않는 경우도 많다. 여기서는 수면의 질에 대한 만족도는 제외했기 때문에 적게 자는 사람이 수면에 대한 불만족도가 높고 그 결과 삶에 대한 불만족도도 높아진다는 사실을 통해 수면 부족과 만족도의 인과관계를 알 수 있다. 하지만 수면 시간이 부족해도 질적으로 만족한다면 삶의 만족도는 거의 떨어지지 않는다. 노년층은 원래 잠을 적게

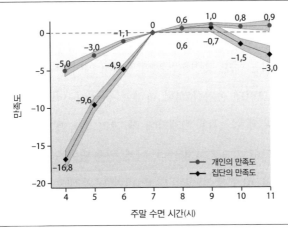

〈그림 4-8〉 **주말 수면 시간에 따른 만족도**

자고 청년층은 수면 부족에 더 잘 대처한다는 선입견도 있지만 수면 부족이 만족도에 미치는 영향은 내가 살펴본 60대 이상과 30대 미만의 경우 거의 같았다.

그러니 잠을 덜 자도 상관없다는 말 따위는 흘려 들어라. 물론 이에 동조하는 사람도 있을 것이다. 하지만 수면의 양과 질이 미치는 만족도에 크게 개의치 않는다 하더라도, 잠을 줄여 얻은 추가 시간을 더 피곤한 몸으로 불만족스럽게 보내야 하는 대가를 치러야 할 것이다. 주중 수면 시간은 약 8시간이 최적이다. 반면 주말에는 늦잠을 늘어지게 자도 나쁠 건 없다.

술 한 잔은 괜찮아도 담배는 끊는 편이 낫다

여러분은 타는 듯한 갈증을 느끼며 잠에서 깨어난다. 물 한 모금이 절실하다. 그런데 손가락 하나 까딱할 수 없다. 머리가 깨질 듯해 일어날 엄두가 안 난다. 어젯밤에 왜 그리 폭음했던 건지 아무리 생각해도 답이 떠오르지 않는다. 어제 무슨 일이 있었는지도 기억 나지 않는다. 이제 술 따위는 두 번 다시 입에 대지 않겠다고 굳게 결심한다. 하지만 그다음 주에도 여러분은 친구들과 술집에 앉아 있다. 이번엔 술 대신 콜라를 마신다. 그런데 술을 아예 마시지 않는다고 해결될 문제일까. 아니, 술을 끊으면 해결될지도 모른다. 아 니면 술을 일절 입에 대지 않는다면? 그러면 술 마시는 재미도 모 른다고 친구들이 짜증낼 것이다. 이미 혀가 꼬인 친구들의 말을 알 아들을 수 있다면 말이다.

술을 마시는 것과 마시지 않는 것 중 만족도를 높여주는 것은 무 엇일까? 〈그림 9〉는 술을 마시는 빈도에 따른 만족도의 변화를 보 여준다. 아쉽게도 2016년도 데이터라 해마다 술을 더 자주 마신 사 람의 만족도 변화는 보여줄 수 없지만, 술을 자주 마시는 사람이 덜 마시는 사람보다 만족도가 더 높다는 것은 알 수 있다. 여기서 는 술을 구매할 수 있을 만큼 형편이 넉넉한 사람들, 즉 소득이 동 일한 사람들만 비교했다. 또한 동일한 연령대의 사람들을 대상으 로 동일한 횟수로 설문조사를 실시해 비교했다. 그 결과가 회색 선 이다. 검은 선은 건강한 사람들을 비교한 결과다.

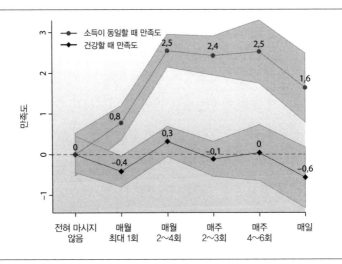

<그림 4-9> 음주 빈도에 따른 만족도

한 달에 한 번 술을 마시는 사람은 술을 전혀 마시지 않는 사람
보다 만족도가 0.8점 더 높다. 그런데 매주 6회 술을 마시는 사람
은 술을 마시지 않는 사람보다 만족도가 2.5점 더 높다. 매일 술을
마시는 사람은 술을 마시지 않는 사람보다 만족도가 높긴 하지만
간격을 두고 마시는 사람보다 불만족도도 약간 높아진다. 매주 간
격을 두고 마시거나 거의 매일 마시는 사람이 만족도가 가장 높다.
데이터를 추가 분석한 결과 한 번에 마시는 양은 그리 중요하지 않
았다. 이처럼 음주가 만족도와 연관이 있다는 사실은 독일인뿐만
아니라 노르웨이인, 영국인, 자메이카의 노년층 등 전 세계에 걸쳐
나타나는 현상이다.[21]

음주가 만족도를 높여주는 것처럼 보이는 이유는 검은색 점이

말해준다. 이는 건강한 경우 음주가 불만족도를 높이는 요인은 아니며, 음주량이 적고 불만족도가 높아지는 이유는 질병 때문임을 시사한다. 아픈 사람은 불만족도가 높고 술을 마시지 않는다. 그리고 불만족도가 높은 이유는 술을 많이 못 마셔서가 아니라 아프기 때문이다. 술을 마시지 않는 사람들은 실은 건강이 좋지 않기 때문에 불만족도가 더 높은 것이다. 건강을 유지하는 사람들은 음주량과 무관하게 만족도가 동일하다. 애주가들의 만족도가 이들보다 떨어진다는 의미는 아니다. 한 가지 흥미로운 점은 음주는 특히 노년층에 긍정적인 반면 청년층에는 그렇지 않다는 것이다. 25세 미만인 경우 매일 술을 마시면 불만족도가 높아진다. 반면 70세 이상이 비교적 자주 술을 마시면 만족도가 더 높아진다. 인생의 주요 과업을 이룬 나이가 되면 어쩌다 한 번씩 마시는 술 한 잔은 나쁘지 않다는 의미다. 하지만 청년층은 지속적인 음주를 즐길 경우 인생의 주요 과업을 완수하기 어려울 가능성이 높아지는데, 특히 거의 매일 술을 마실 경우에는 그렇다. 또한 연구에 따르면 젊은 사람이 술을 비교적 자주 마시면 훗날 불만족도가 더 높아지고, 과거에 흡연이나 약물 및 스테로이드 복용을 한 경험이 있을 때도 훗날 불만족도가 높아진다.[22] 따라서 십 대 자녀가 마약을 한 경험이 있다면 대수롭지 않게 넘겨서는 안 된다. 음주는 고령자의 경우에만 부정적인 영향이 없는 듯하다.

　SOEP는 동일한 대상자에게 맥주, 와인, 샴페인, 증류주 등 섭취하는 알코올의 종류와 음주 빈도를 반복 조사했다. 〈그림 4-10〉의

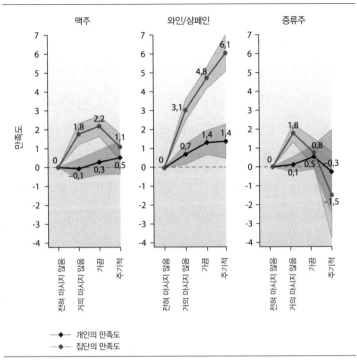

<그림 4-10> **주종과 음주 빈도에 따른 만족도**

회색 점은 집단 비교, 즉 항상 특정 주종을 마신 경우 만족도가 어떻게 달라지는지를 보여준다. 검은색 점은 한 사람이 특정 주종을 더 자주 마실 때 만족도가 어떻게 변하는지를 나타낸다.

　조사 기간에 와인을 규칙적으로 마신 집단은 전혀 술을 마시지 않은 집단보다 만족도가 더 높다는 사실이 또다시 확인된다. 검은색 점은 한 사람이 와인이나 샴페인을 더 자주 마실 때 만족도가 높아진다는 것을 보여준다. 건강한 경우에도 와인과 샴페인은 조금이나마 긍정적인 영향을 미치는 것으로 나타났다. 반면 맥주와 증류주는 그 영향이 분명하지 않다. 여기서 유념할 점은 특정 행위와 만족도의 연관성이 나타나긴 하지만 음주 행위가 만족도를 좌우한다고 전적으로 확신할 수 있느냐는 여러분이 결정할 일이라는 것이다. 와인과 샴페인을 즐길 때 만족도가 높다는 건 축하할 일이 자주 생긴다는 의미일지도 모른다. 이 술들을 더 자주 마셔서가 아니라 이처럼 즐거운 행사가 자주 생겨 만족도가 더 높을 수도 있다. 술을 자주 마시는 사람이 만족도가 더 높은 건 사실이지만 만족도가 높은 것과 음주가 직접적인 관련이 있다는 의미는 아니다.

음주가 실제로 만족도를 높이는지 알아보기 위해 기발한 실험을 한 적이 있다. 바덴-뷔르템베르크 주에서는 2010년 3월 1일부로 야간에 술집을 제외한 곳에서 주류 판매를 금지했다. 그러자 이곳 주민들의 만족도는 다른 연방 주나 다른 해에 비해 4점이 하락했다. 이는 음주를 하는 사람에게만 해당하는 결과다.[23] 밤에 술집이 아닌 곳에서 술을 구입할 수 없어지자 불만족도가 거의 4점이나 높아진다는 건 내 눈에는 엄청난 영향이다. 술을 더 많이 마실 때만 만족도가 떨어지는 게 아니라 오히려 술을 못 마시게 할 때도 만족도는 분명 떨어진다.

흡연도 마찬가지 이유로 만족도를 더 높여주는 듯하다. 애주가들이 술집에서 자주 만나듯 애연가들도 모여서 담배를 피우는 일이 많아 삶의 만족도가 더 높을 수도 있다. 과거에는 담배를 권하는 것이 어색한 분위기를 깨는 행위였다. 타인과 함께 담배를 피우면 서로 대화를 나누고 새로운 친구를 사귈 가능성이 더 크다. 하지만 음주와 달리 흡연은 만족도와 긍정적인 관계가 없다. 흡연가의 경우 흡연을 전혀 하지 않는 사람보다 불만족도가 최대 5점 더 높다. 이중 절반은 나쁜 건강과 낮은 소득에 기인한다. 집단 간 차이만 있는 건 아니다. 한 사람이 건강에 아무런 변화가 없더라도 평소보다 한 갑 이상 피운 해에는 불만족도가 1점 더 높아지는 것으로 나타난다. 여타 연구들도 이를 입증한다.[24]

이는 무엇을 의미할까? 그렇다, 애주가가 만족도가 더 높다는 점이다. 하지만 많은 경우 건강이 안 좋을 때는 술을 마시지 않기 때문에 직접적인 인과관계가 성립된다고 보긴 어렵다. 반면 애연가들은 불만족도가 높다. 한 사람이 담배를 더 자주 피울 경우 만족도는 더 떨어진다. 따라서 잦은 흡연은 삼가고 꼭 피워야겠다면 최소한으로 줄여야 한다. 반면 건강을 해치지 않는 수준의 음주는 삶의 만족도를 높여주는 듯하다. 그렇다고 해서 다음 주 일요일에 숙취에 또 시달린다 해도 내 탓은 하지 말길.

사회적 접촉을 늘려라

통계학에는 한 가지 문제가 잠재한다. '다중공선성'이라는 묘한 명칭으로 불리는 이 문제는 과학자들이나 쓰는 용어지만 실제로는 그리 복잡한 개념이 아니다. 다중공선성이란 서로 다른 요인들이 함께 작용해 둘 중 무엇이 영향을 미치는 원인인지 알기 어렵다는 것을 의미한다. 가령 늘 온화하고 햇빛이 비치는 날씨라면 태양과 열 중 기온에 영향을 미치는 것이 무엇인지 파악하기가 힘들다. 하나 없이는 다른 하나도 존재하지 않기 때문이다. 친구를 더 자주 만난 해에 스포츠 활동을 하거나 봉사 활동에 참여하는 것과 같은 사회적 활동을 한다면 만족도에 진정 영향을 끼치는 것이 무엇인지 측정하기가 까다롭다. 한 가지 요인이 다른 요인과 동시에 나타나기 때문이다. 따라서 이상적인 방법은 다른 사회 활동에 더 자주 참여하지 않은 상태에서 어느 특정 활동을 더 자주 할 경우 만족도가 높아지는지를 알아내는 것이다. 다행히 방대한 SOEP 데이터를 이용하면 판별이 가능하다. 〈그림 4-11〉은 다른 활동에 참여하지 않은 상태에서 한 가지 활동을 하는 데 더 많은 시간을 쏟을 때 달라지는 만족도를 보여준다.

일부 활동이 만족도를 일정 수준 이상 높여주지 않는 것은 만족도를 높이는 다른 활동에 동시에 참여하는 경우가 있기 때문이다. 앞서 사회적 활동에 전혀 참여하지 않는 사람보다 매주 참여하는 사람이 만족도가 1.3점 높아진다는 사실을 확인했는데, 이는 부분적으로 사회적 활동에 더 많이 참여한 해에 만족도를 높여주는 다른 활동에도 더 자주 참여했기 때문이다. 여기에서는 다른 활동들을 고정한 상태에서 동호회나 협회 활동에 더 자주 참여하는 경우 만족도는 약 0.5점 높아지고, 정치 활동에 참여하는 경우 만족도는 0.7점 높아진다. 사회 활동이 만족도를 높여주긴 하지만 영향이 그리 크지는 않다. 주로 사회적 참여 자체라기보다 연계된 다른 활동

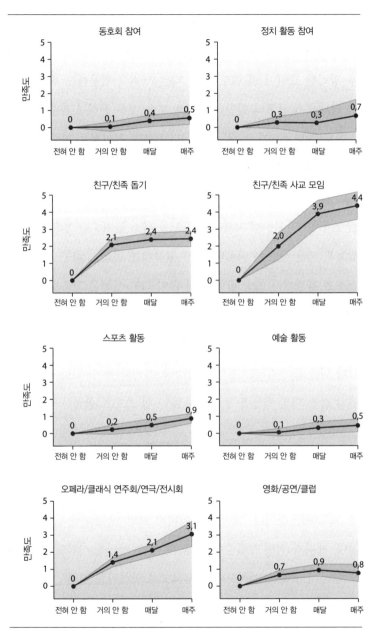

<그림 4-11> 사회 활동의 종류와 빈도에 따른 만족도

들이 만족도를 높여주기 때문이다.

두 번째 줄에 제시된 사회적 접촉의 경우 만족도를 높이는 데 매우 강력한 요인이 될 때도 있다. 다른 사회적 활동에는 변함이 없는 상태에서 친구나 친인척을 매주 도울 경우 전혀 도와주지 않는 경우보다 만족도가 2.4점 높다. 또 친구와 친인척을 자주 만나는 사람은 다른 사회 활동에 참여하는 빈도와는 무관하게 만족도가 4.4점까지 더 높아진다. 따라서 원래 매우 활동적인 경우가 아닌 한 친구를 만나는 것 자체는 만족도를 다소 높여준다. 반면 스포츠 활동과 예술 활동은 다르다. 다른 활동에는 변화는 없는 상태에서 스포츠 활동이나 예술 활동을 더 많이 하는 사람은 만족도가 각각 0.9점, 0.5점까지 높아지는데, 그리 강한 영향으로 볼 수는 없다. 이후 장에서 논의하겠지만 미리 말하자면 스포츠 활동은 가령 식단보다 만족도에 끼치는 영향이 덜하다. 여기서 볼 수 있듯 타인과의 만남 같은 다른 활동을 동반하지 않는 한 스포츠 활동은 만족도에 별 이득이 되지 않는다.

예술 활동도 개인의 만족도에는 거의 영향을 미치지 않는다. 예술 치료의 목표는 예술을 활용해 사람들의 심신 치료와 성장, 발달을 도모하는 것이다. 그러나 데이터만 보면 그 효과는 그리 크지 않다. 게다가 이미 우울증이 있을 때 예술 활동을 시작할 경우 예술 활동이 오히려 만족도와 부정적으로 관련되는 것처럼 보일 수도 있다.

하지만 예술을 소비하는 것은 만족도를 높여주는 듯하다. 매주 오페라·클래식 연주회·극장·전시회장을 찾은 해에는 그러지 않았던 해보다 만족도가 최대 3.1점까지 높아진다. 다른 과학자들 역시 이를 입증한 바 있지만, 사실 고급문화를 더 많이 소비하는 사람은 타인과 접촉이 더 잦다는 이유도 있다. 여기서는 이 같은 타인의 영향을 제외하고 수치를 산출했다. 하지만 단순히 안면이 있는 사람들과 만나는 것이 아니라 오페라나 극장이 아니면 만날 수 없는, 비슷한 취향을 가진 사람들과 만난다는 이유가 작용할 수도 있다.[25]

매우 불운한 삶을 산 예술가들의 경우 예술 활동이 만족도에 전혀 영향을 끼치지 못했다는 점에서 고급문화를 즐기는 것이 만족도를 높여준다는 사실은 의외다. 하지만 정신병원에서 수년을 보내고 자신의 귀를 잘라낸 반 고흐나 한평생 우울증과 불안감에 시달렸던 에드바르 뭉크, 알브레히트 뒤러와 같은 예술가들이 만족스러운 삶을 살았다면 〈절규〉나 〈멜랑콜리아〉는 탄생하지 못했을 것이다. 물론 오페라 공연을 보러 다니는 사람이 자신의 귀를 잘라내는 기행을 저지를 확률은 적다.

나 같은 프롤레타리아가 더 즐기는 활동인 영화관·공연장·디스코장(요즘으로 치면 '클럽')을 찾는 것은 만족도를 그리 크게 높여주진 않지만 그럼에도 전혀 가지 않을 때보다 매주 갈 때 만족도는 최대 0.8점으로 높아진다. 다녀오면 체력이 방전돼 사흘은 기진맥진한 상태로 지내야 되니 만족도가 그다지 높지 않은 건 아닐는지. 아무튼 고급문화가 대중문화보다 만족도에 더 많이 기여하지만 어디까지나 창작자의 입장이 아닌 소비자의 입장에서 그렇다는 얘기다.

한편, 문화 소비라는 측면이나 다른 활동들에서 만족도를 측정할 때 대상자의 소득 수준이 변수가 되지는 않는다. 소득 수준이 같은 경우만 비교해 산출해도 결과는 비슷하기 때문이다.

전반적으로 여가 선용의 많은 측면들이 만족도에는 득이 되지 않는다. 다만 이중 한 가지 측면은 여느 경우처럼 만족도에 영향을 준다. 바로 사회적 접촉이다. 사람들을 더 자주 만날 경우 만족도가 높아진다는 것을 제외하면 대다수 활동은 영향이 미미하다. 다른 활동을 하는 상태에서 사회적 교류를 하는 경우에는 긍정적인 영향이 있다. 스포츠·예술 활동, 사회 활동 참여, 공연 참석 등은 이들 활동이 이루어지는 곳에서 사회적 교류가 이루어지므로 만족도를 높여주는 것이다. 여가 활동을 꼭 즐기는 건 아니지만 그곳에서 친구를 사귄다면 만족도가 떨어질 일은 없다고 봐도 좋다. 예외라면 이른바 고급문화를 소비할 경우인데, 이 역시 다른 측면들과 연계될 때 영향을 미친다. 이 장에서 한 가지만 기억하라고 한다면 바로 다른 사람들을 만나라는 것이다. 만족도가 무조건 높아질 것이다.

5장

집, 얼마나
넓어야 할까

주거 면적은 그다지 중요하지 않다

더 많은 방과 더 넓은 발코니가 있는 더 넓은 집에서 살면 만족도가 높아질까? 1960년대 중반 독일의 1인당 주거 면적은 22m²였다. 현재는 2배다.[1] 주거 면적이 늘었으니 사람들의 만족도 더 높아졌을까? 더 넓은 집에서 살아도 만족도가 높아지지 않았다면 그 이유는 뭘까? 돈이 더 많다고 더 좋은 게 아니듯 집이 더 넓다고 해서 무조건 더 좋은 건 아니다. 중요한 건 사람은 환경에 익숙해지게 마련이라는 사실이다. 나 역시 대학생 시절에는 방이 20m²만 돼도 어마어마하게 넓다고 생각했지만 이제 45m²미만의 주거 공간은 상상할 수도 없다. 그렇다고 내가 과거보다 현재에 더 만족할까?

〈그림 5-1〉은 싱글, 자녀가 없는 부부, 자녀가 1명인 부부, 자녀가 2명인 부부의 주거 면적에 따른 만족도를 보여준다. 소득이 더 많은 경우 주거 면적도 더 넓다. 그런 의미에서 만족도 더 높아지는 이유가 주거 면적이 더 넓어서라기보다는 실은 소득이 더 높기 때문일 수도 있다. 따라서 소득 변동이 없다는 조건 하에 주거

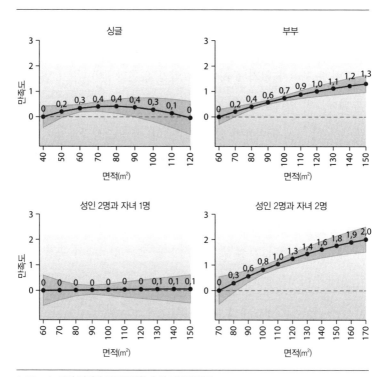

<그림 5-1> 주거 면적과 가족구성원 수에 따른 만족도

면적의 변화에 따른 만족도를 비교해야 한다. 이 그림은 조사 대상 자들이 처음에는 응답자의 90퍼센트보다 좁은 곳에서 살다가 이후 응답자의 90퍼센트보다 더 넓은 곳에서 살게 됐을 때 만족도 변화를 보여준다.

그림을 보면 더 넓은 집으로 옮겨도 의외로 만족도는 별로 높아지지 않는다. 90퍼센트의 싱글이 사는 면적보다 좁은 $40m^2$에 사는 싱글의 경우 $70m^2$ 또는 $80m^2$ 면적의 집으로 옮겨도 만족도는 고작 0.4점 상승한다. 90퍼센트의 싱글보다 훨씬 더 넓은 120m²의 집에서 산다고 해도 만족도가 더 높아지지는 않는다.

그런데 자녀가 없거나 자녀가 2명인 부부의 경우 주거 면적이 더 넓어지면 만족도가 올라간다. 왜일까? 자녀가 없는 부부는 더 큰 집을 살 경제적 여유가 있기 때문이다. 이들도 싱글과 마찬가지로 한 사람당 60m²의 주거 공간이면 충분하다. 그런데 자녀가 1명인 부부 역시 60m² 면적이면 족하다. 자녀가 둘일 경우 주거 공간이 넓어지면 만족도가 높아지는데, 이는 자녀가 각자 하나씩 방을 차지하기 때문이다. 가장 중요한 사실은 모든 경우에서 주거 면적의 증대가 미치는 효과가 강하지 않다는 점이다. 자녀가 둘인 가정도 주거 면적이 70m²에서 170m²으로 늘어도 만족도는 고작 2점 상승하는 데 그친다. 통념과는 달리 더 넓은 집이 만족도에는 별다른 영향을 주지 않는다는 의미다. 또한 방의 개수도 큰 영향을 미치지 않는다. 가족 수보다 방이 더 많은 집으로 옮긴 경우에도 가족 수보다 방 수가 더 적었을 때와 비교해 만족도는 그다지 높아지지 않았다.

앞뒤가 맞지 않는 소리처럼 들릴지 모르겠다. 하지만 정작 만족도에 영향을 끼치는 요소는 주거 면적이 아니라 부대시설이다. 소득과 가족 상황, 주거 면적과 무관하게 정원이 있으면 만족도는 약 0.4점 더 높아지고, 발코니나 테라스가 있으면 약 0.6점 더 높아진다. 하지만 역시나 지대한 영향을 미치는 요인은 아니다.

이는 여타 연구에서도 입증된 바 있다. 더 넓은 주거 공간으로 옮기면 단기적으로는 공간에 대한 만족도는 높아지지만 삶의 만족도는 높아지지 않는다. 오히려 몇 년이 지나면 더 넓은 집에 대한 불만족도가 높아진다. 연구원들은 주거 공간의 크기는 이른바 '위치재(잠재적 소비자 중 극소수만 구매할 수 있다는 사실 때문에 가치가 상승하는 재화-옮긴이)'로 변하기 때문이라고 주장한다. 더 좁은 공간에 사는 사람들보다 우월하다고 느끼는 요인으로서 더 넓은 공간을 소유하려 한다는 것이다.[2] 하지만 보다시피 다른 사람보다 우월하다고 느낀다고 해서 행복해지는 건 아니다. 비용이 더 많이 든다는 점도 더 넓은 집이 만족도를 높이지 않는 또 다른 이유다.

월세는 소득의 4분의 1을 넘기지 마라

누구나 더 넓은 집을 원한다. 수입이 줄어들기를 바라는 사람도 없다. 그러나 돈이 없으면 집을 얻을 수 없다. 연구 기관들은 대도시의 노년층 주민들과 가구 중 약 40퍼센트는 소득의 30퍼센트 이상을 월세로 지출하므로 가계 부담이 가중된 상태라고 경고한다.[3] 불만족도가 높아지는 것도 그래서다. 〈그림 5-2〉는 소득 중 월세에 지출하는 비율에 따른 만족도 변화를 보여주는데, 소득이 줄면 월세 지출이 커진다는 점이 분명히 드러난다. 여기서는 소득 변동이 없다는 조건 하에 가구 소득 중 월세 지출 비율이 변할 경우의 만족도 변화를 비교했다.

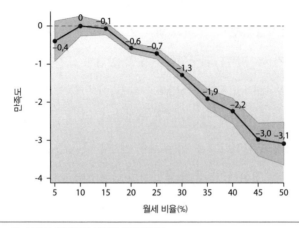

〈그림 5-2〉 소득 중 월세 지출 비율에 따른 만족도

사람들은 소득의 10퍼센트만 월세로 지출할 때 만족도가 가장 높다. 소득의 25퍼센트를 월세로 지출하는 사람은 10퍼센트를 지출했던 때보다 불만족도가 0.7점 높을 뿐이지만 터무니없게도 소득의 45퍼센트를 월세로 지출하는 사람은 불만족도가 3점으로 높아진다.

이제 두 경우의 효과를 살펴보자. 앞서 우리는 더 큰 집에서 살면 만족도가 약간 더 높아진다는 점과 더 큰 집에 드는 비용이 불만족도에 미치는 영향을 알아봤다. 그렇다면 현재 거주하는 공간의 크기와 소득 중 월세로 지출하는 비율을 비교해 여러분의 만족도를 따져볼 수 있다. 더 큰 집이 만족도를 얼마나 높여주는지, 소득 중 주거비로 지출하는 비율이 늘어나면 주거 면적 증가로 인한 만족감이 얼마나 희생되는지를 따져보고 자신에게 알맞은 주거 면적을 가늠해보면 된다.

사는 지역이 만족도에 미치는 영향

사회학자라고 해서 형편이 나은 건 아니다. 내 어머니도 사회학 학위가 있지만 정작 직업은 사회학과 그다지 관련이 없었다. 어머니는 90년대 초반 동독의 소도시인 튀링겐 주에 있는 게라(Gera)에서 일자리를 얻어 일요일 저녁이면 울며 겨자 먹기로 서독의 하노버를 떠나셨다. 우리 가족은 이사를 고려했지만 어머니를 따라 구동독 지역으로 삶의 기반을 바꾸기가 쉽지 않았다. 결국 매주 이사 계획을 연기하다가 어머니가 일자리를 하노버에서 구하시는 것으로 상황이 일단락됐다.

수많은 구서독 사람들도 우리와 사정이 비슷했다. 구서독 출신은 구동독 소재 대학교를 오래 다니고 싶어 하지 않았다. 안타깝게도 그럴 만한 이유가 있다. 구동독은 행복의 저주를 받은 듯했다. 구동독인들은 평균적으로 불만족도가 훨씬 더 높다. 독일의 16개 연방 주에 거주하는 주민의 만족도를 나타낸 〈그림 5-3〉을 한번 살펴보자. 회색 점은 1990년대, 검은색 점은 2010년대를 나타내며, 주민의 만족도뿐 아니라 1990년대 이후 각 주에서 만족도가 어떻게 변했는지도 확인할 수 있다(브레멘 주와 자를란트 주는 신뢰할 만한 조사 결과가 없어 제외했다).

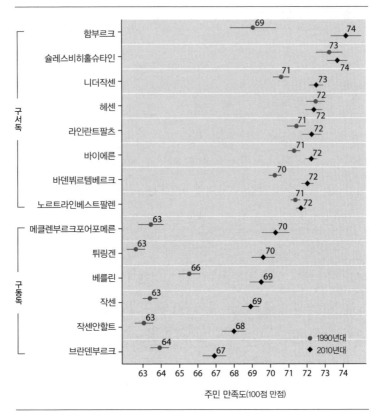

함부르크 69 74

슐레스비히홀슈타인 73 74

니더작센 71 73

헤센 72 72

라인란트팔츠 71 72

바이에른 71 72

바덴뷔르템베르크 70 72

노르트라인베스트팔렌 71 72

메클렌부르크포어포메른 63 70

튀링겐 63 70

베를린 66 69

작센 63 69

작센안할트 63 68

브란덴부르크 64 67

구서독

구동독

● 1990년대
◆ 2010년대

63 64 65 66 67 68 69 70 71 72 73 74

주민 만족도(100점 만점)

〈그림 5-3〉 **독일 주민의 만족도**

재통일 후 20년이 지난 2010년에도 구동독인의 만족도는 구서
독인의 만족도보다 훨씬 낮다. 함부르크나 슐레스비히홀슈타인 주
민들은 만족도가 100점 만점에 74점이지만, 구동독의 경우 70점
이상인 주가 거의 없다. 구서독에서 불만족도가 가장 높은 노르트
라인베스트팔렌 주도 구동독에서 만족도가 가장 높은 메클렌부르
크포어포메른 주보다 만족도가 약 2점 더 높다. 브란덴부르크와 함

부르크의 만족도 격차는 최대 7점이다.

이게 다가 아니다. 1990년에 구동독인의 상황은 훨씬 열악했다. 당시 구동독에 속한 주 가운데 만족도가 100점 만점에 66점 이상인 곳이 거의 없었으며 대다수가 겨우 60점을 넘었을 뿐이다. 구서독에서는 이 정도로 불만족도가 높은 사람을 찾기가 쉽지 않지만 구동독에서는 불만족이 평균이다. 어찌 됐든 구동독은 차이를 좁혀 나가고 있는 중이다. 〈그림 5-4〉를 보면 구동독의 불만족도가 구서독보다 여전히 더 높지만 격차는 그다지 크지 않다.

구동독이 구서독의 발목만 잡지 않았다면 구서독은 더 번영했으리라고 빈정대는 사람도 있을지 모르겠다. 재통일 직후인 1991년 구서독 지역의 만족도는 평균 75점으로 오르긴 했지만 2005년에 70점 이하로 떨어졌다. 5점이나 하락한 것은 구서독 지역민들이 모두 실업자가 된 격이나 다름없는 대폭락이다.

구동독인들은 처음부터 불만족도가 높았다. 설문조사가 시작된 첫 해에 이어 두 번째 해에도 만족도가 또다시 하락했다. 독일연방공화국에 편입된 1990년에 서독과 함께 통일을 기뻐했지만 그로 인해 삶이 역전돼 만족도를 급감시키는 실업이 만연하게 된 것이다. 1999년까지 만족도가 다시 상승하긴 했지만 2004년은 어딜 가도 절망적인 분위기가 지배적이었다. 독일은 '유럽의 병자'라고 불렸고 구서독은 실업률이 약 10퍼센트에 달했으며 구동독은 실업률이 그보다 2배 더 높았다. 하르츠 4장(Hartz IV, 독일 게르하르트 슈뢰더 제7대 총리 때인 2002년 2월 구성된 하르츠위원회가 제시한 4단계 노동시장 개혁

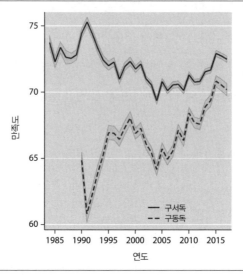

〈그림 5-4〉 **구동독과 구서독의 발전에 따른 만족도**

방안-옮긴이)으로 대다수가 실업 보조금(Arbeitslosenhilfe)을 받지 못하는 상황에 직면했다.

하지만 해뜨기 직전이 가장 추운 법이다. 2005년에 전환기를 맞으면서 독일인의 살림살이는 점차 나아지기 시작했고, 구동독도 차이를 좁혀 나갔다. 불공평의 상징으로 여겨진 하르츠 4장이 만족도를 끌어올린 것이다. 실업이 만족도를 떨어뜨리는 가장 큰 요인이었으나 하르츠 4장 실시 후 실업률이 급감했다. 하르츠 4장은는 평균 만족도를 끌어올렸을 뿐만 아니라 불안정한 만족도 분포도 고르게 안정화시켰다. 하르츠 4장 덕에 평균보다 훨씬 더 불만족도가 높았던 거대 실업자 집단이 사라졌기 때문이다.[4] 개인적으로는 하르츠 4장으로 독일에 저임금 일자리 부문이 형성된 것은 문제라고 보지만, 이 데이터는 실업자들의 불만족도가 소득 손실에 따른 것이 아니라는 점과 삶의 만족도를 생각하면 임금이 형편없어도 실업자인 것보다는 낫다는 사실을 명백히 보여준다. '1유로 일자리(Ein-Euro-Job)'를 가진 사람조차 실업 상태였을 때보다 만족도는 2점이나 더 높다.[5] 연구에 따르면 특히 구동독인들에게 유익한 것으로 나타난다. 물론 불만족도는 여전히 높지만 과거만큼 높지는 않다. 현재는 과거 독일민주공화국(DDR, 재통일 전의 동독 정식 명칭-옮긴이)에서 자란 구동독 지역민들이 불만족도가 높은 것으로 나타난다.[6]

1991년에는 구서독인들은 구동독인들보다 만족도가 15점이나 더 높았지만 이제 격차는 2점으로 줄어들었다. 그런 점에서 삶의 만족도의 재통일이 실현됐다고도 볼 수 있겠다. 생활 조건이 동등해지면서 삶의 질이 높아진 것과 더불어 구서독인들의 불만족도가 더 높아지지 않은 상태에서 구동독인들의 만족도는 더 높아졌기 때문이다.

그렇다면 구동독인의 만족도가 여전히 낮은 이유는 무엇일까? 놀랍게도 생활 여건이 열악해서라는 말은 이유가 될 수 없다. 실제로 실업자가 될 확률이 더 높고 평균적으로 소득이 낮으며 일자리의 질도 떨어지는 건 사실이다. 하지만 근무 여건과 소득이 동일한 사람들을 비교해도 구동독 지역민의 불만족도가 더 높다. 게다가 범죄와 경제 위기, 세계 평화를 더 걱정한다는 점도 이상하다.[7] 구동독인만 생활 여건과는 무관하게 불만족도가 더 높은 건 아니다. 구

서독인조차 구동독으로 이주하면 불만족도가 점차 높아진다. 〈그림
5〉는 한 사람이 만족도가 가장 높은 주인 함부르크에서 다른 주로
옮겼을 때의 만족도 변화를 나타낸다.

　구동독인은 구동독으로 이주한 사람들에게도 불만족도를 전염
시킨다고 볼 수 있다. 행복한 주인 함부르크나 이와 만족도가 비슷
하게 높은 슐레스비히홀슈타인 주에서 노르트라인베스트팔렌 주
나 바덴뷔르템베르크 주로 이주하는 경우에도 불만족도가 상승한
다. 서독의 쾰른에 사는 나는 이곳이 세상에서 가장 아름다운 도시
라고 생각하지만 어쩌면 쾰른 주민의 착각에 불과할지도 모르겠
다. 반면 작센안할트 주로 이주할 경우 최악이 될 수도 있다. 소득
과 고용 상태가 동일하다 해도 이주할 경우 삶의 만족도가 5점이

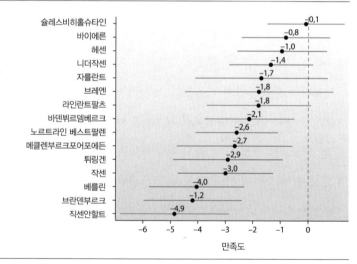

〈그림 5-5〉 **주별 이주에 따른 만족도**

나 떨어진다. 보통 구서독인은 소득이나 고용 상태가 전혀 바뀌지 않더라도 구동독으로 옮기면 만족도가 평균 2.2점 하락한다. 하지만 이는 관찰 기간에 따른 평균치다. 2010년 이후 구동독 지역으로 옮길 경우 만족도 감소치는 0.5점에 불과하다. 어쨌든 구동독 지역민은 불만족도가 더 높을 뿐만 아니라 이주민의 불만족도를 높인다. 돌이켜보면 우리 가족이 당시 하노버에 눌러앉기로 한 결정은 천만다행이었던 듯하다.

나이가 들수록 시골이 낫다

우리집 울타리 저편에 펼쳐진 풀밭의 녹음이 더 짙어진다. 도시인은 푸른 초원을 꿈꾸며 '전원생활의 쾌적함'을 돈을 주고 산다. 하지만 정작 푸른 초원에 사는 사람들은 주변에서 풍겨오는 분뇨 냄새에 짜증을 내고 술집이 너무 멀다고 신경질을 부린다.

도시에 사는 사람과 시골에 사는 사람 중 누가 더 만족도가 높을까? 연령에 따라 다르다. 그림 〈5-6〉은 소득이나 가정 상황이 변하지 않은 상태에서 대도시에서 멀리 떨어진 곳으로 이주한 20~40세(왼쪽)와 40~75세(오른쪽)의 만족도 변화를 보여준다. 검은색 점은 애향심이 강한 젊은 시골 거주자(왼쪽)와 장·노년층의 시골 거주자(오른쪽)가 대도시 거주자보다 만족도가 더 높은지를, 회색 점은 시골로 이주한 청년과 장·노년층의 만족도가 어떻게 변하는지

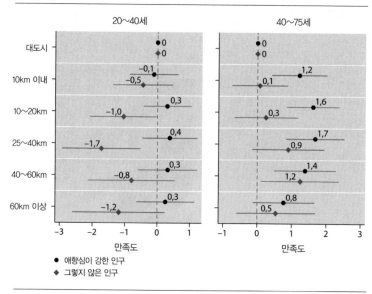

<그림 5-6> **시골 이주 시 만족도**

를 보여준다.

　왼쪽의 검은색 점은 대도시에서 멀리 떨어져 사는 청년이 대도시 거주자와 똑같이 만족스러워한다는 것을 보여준다. 회색 점은 한 사람이 도시를 떠나면 점차 불만족도가 높아지는 경향이 있음을 보여준다. 가령 대도시에서 25~40km 떨어진 시골로 이주할 경우 소득과 가정에 아무 변화가 없더라도 불만족도는 1.7점 더 상승한다.

　오른쪽은 평생 시골에서 산 장·노년층이 만족도가 더 높다는 것을 보여준다. 장·노년층은 대도시에서 40~60km 떨어진 시골로 이주할 때 만족도가 상승한다. 따라서 청년은 대도시로 이주하면 만족도가 좀 더 상승하고 장·노년층은 대도시에서 멀리 떨어질수록 만족도가 좀 더 상승한다고 볼 수 있다. 그러나 이주 효과가 강하게 나타나는 건 아니다. 여타 연구에서 나타난 것처럼 도시/시골 거주 여부는 만족도에 그다지 큰 영향을 끼치지 않는다.[8] 초원 지대나 상점 근처에 산다고 해서 꼭 만족도가 더 높아지는 건 아니다. 반면 스포츠 시설이나 음식점에 더 쉽게 접근할 수 있는 경우 만족도는 조금 더 높다. 칼로리를 소모하거나 음식을 섭취하기 쉬운 시설에 가까이 사는 것도 이점이 있어 보이지만 과학적으로 입증된 해석이라고 보긴 어렵다.

앞서 언급한 '사바나 이론'을 기억하는가? 이 이론은 교육 수준이 높은 사람은 친구가 많이 필요하지 않고 도시에서 더 잘 지낸다고 가정한다. 이 이론을 주장한 연구자들은 사람들이 과거에 작은 무리를 지어 살았다는 점을 근거로 내세운다. 이 점은 반박의 여지가 없다. 하지만 교육 수준이 낮은 사람들은 새로운 환경에 쉽게 적응하지 못하므로 인구 밀도가 더 높은 도시에서도 적응하기가 더 어렵다고 가정한 점은 납득하기 어렵다. 이들은 교육 수준이 높은 사람은 새로운 환경에 잘 적응하므로 인구 밀도가 더 높은 곳에서 살더라도 만족도가 떨어지지 않는다고 가정하고 교육 수준이 낮은 시골 사람들보다 교육 수준이 높은 대도시 사람들이 만족도가 더 높을 것이라 주장한다. 터무니없는 가정이 아닐 수 없다.[9] 지금까지 아무리 터무니없는 주장이라도 실상 데이터가 뒷받침하는 경우에 대해 살펴보긴 했지만 사바나 이론만큼은 허황할 뿐더

러 옳지도 않다. 교육 수준이 낮은 사람이 실제로 시골에서 만족도
가 더 높은 건 사실이다. 하지만 시골로 이사 간다고 해서 교육 수
준이 낮은 사람이 교육 수준이 높은 사람보다 더 행복해지지는 않
는다.

지금까지 가족, 직장, 자유시간, 친구, 거주 조건이 만족도와 어
떤 상관성이 있는지를 살펴봤다. 이어서 매번 논쟁을 불러일으키
는 정치적 성향과 만족도의 상관관계를 살펴보자.

6장

정치, 어느 정도의
참여도가 좋을까

만족도가 낮은 사람은 극우나 극좌 정당을 지지한다

만족도가 높은 사람과 보수 정당의 공통점은 무엇일까? 둘 다 변화를 원하지 않는다는 것이다. 독일기독교민주연합(약칭 기민당) 지지자들의 전형적인 모습을 떠올려보면 알 수 있다. 재산을 일구고 만족스럽게 사는 노년층의 모습 말이다. 그럴진대 변화를 원할 리 만무하다. 보수 정당들이 지지자들에게 약속하는 것도 바로 이것이다. 반면에 좌파당, 독일을 위한 대안(약칭 독일대안당), 녹색당은 변함없이 그대로인 세상을 바라지 않는다. 각각 더 좌경화된 사회로, 또는 더 우경화된 사회로, 또는 생태적인 사회로 바꾸고 싶어 하며 현상 유지에 불만이 있는 사람들에 의존한다. 독일 좌파당 지지자들은 독일의 불평등이 심하다고 생각한다. 기민당 지지자들보다더 불만을 쏟아내는 이유도 그 때문이다. 〈그림 6-1〉의 검은색 점은 기민당, 자유민주당(약칭 자민당), 기독교사회연합(약칭 기사당), 녹색당, 사회민주당(약칭 사민당) 지지자들의 만족도가 매우 높다는 것을 보여주고, 회색 점은 한 사람이 이들 정당에 호감을 보인 해의

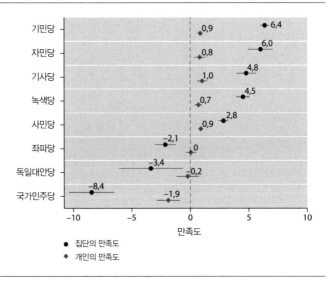

<그림 6-1> **정당 선호도에 따른 만족도**

만족도 변화를 나타낸다.

　선호하는 정당이 한 번도 없었던 사람들에 비해 신념이 투철한 기민당·자민당·기사당 지지자들의 만족도가 훨씬 더 높다는 말은 사실이다. 항상 녹색당을 지지했던 사람은 선호하는 정당이 딱히 없었던 사람보다 만족도가 훨씬 더 높다. 한 사람이 기성 정당들에 호감을 보인 해에는 만족도도 더 높은 것으로 나타난다. 기민당·자민당·기사당 지지자들이 만족하는 건 그럴 만해 보인다. 세금을 덜 내고 싶어 한다는 사실만 제외하면 세상은 이들 정당 지지자들에게 이미 유리하게 돌아가고 있기 때문이다. 녹색당의 경우 환경 보호도 경제적 여유가 있어야 한다는 사실을 보여준다. 생활 여건이 열악하고 우환이 끊이지 않는 사람이라면 느긋하게 환경보호나 고민할 형편이 안 되기 때문이다. 이는 SOEP의 소득 데이터에서도 확인할 수 있는데, 가령 자민당을 지지하는 이들은 1인당 소득이 1,000유로 이상이고 녹색당이나 보수 정당을 지지하는 이들은 1인당 소득이 평균보다 약간 웃도는 약 500유로다.

반면 좌파당과 극우 정당을 지지하는 사람들은 생활 여건이 조금 더 열악한 건 사실이지만 이를 실제보다 훨씬 더 과장되게 인식한다. 일반적으로 이러한 정당들을 지지하는 사람들, 특히 외국인 혐오 정서를 내세우는 극우 정당인 독일대안당 지지자들의 상황은 더 우려할 만하다.[1] 국민민주당이나 공화당과 같은 우파 정당의 열혈 지지자들은 정당에 가입한 적이 없는 사람보다 불만족도가 8점 더 높다. 그리고 한 사람이 극우 정당에 호감을 느낀 해에는 평소보다 불만족도가 약 2점 높다. 여타 연구들도 만족도가 높은 사람들이 기민당·기사당·사민당·녹색당·자민당과 같은 중도 성향의 정당을 지지한다는 사실을 보여준다. 불만족도가 높은 사람은 극우와 극좌의 언저리를 맴돈다. 과거에는 이런 현상이 한층 더 극심했다.[2]

이는 기성 정당들이 국민의 만족도를 높이는 것을 목표로 두어야 한다는 것을 의미한다. 생활 여건이 개선될수록 정당에 대한 호감도가 더 높아지기 때문이다. 극우 정당과 좌파당은 그 반대다. 사람들은 생활 여건이 열악해질수록 이들에게 더 많은 지지를 보낸다. 따라서 역설적으로 좌파당과 독일대안당은 사람들의 생활 여건이 열악해질수록 더 유리해질 것이다. 이런 목표를 선거 공약집에 드러내놓고 홍보할 일은 없겠지만 말이다.

애국자들은 만족도가 높다

지금까지 다양한 주제의 설문 결과들을 살펴보면서 우리는 대다수가 도덕적으로 옳다고 여기는 것들에 사람들이 항상 만족해하는 것은 아니라는 사실을 수차례 확인했다. 나조차도 일부 결과는 받아들이기 어렵다. 나는 교수이자 사회학자로서 민족주의에 반대하고 생태주의·좌파 자유주의를 지지한다. 여러분도 나와 같은 정치적 성향을 공유한다면 SOEP의 다음 조사 결과가 탐탁지 않을 것이다. 〈그림 6-2〉는 독일인의 애국심과 만족도의 상관성을 보여준다.

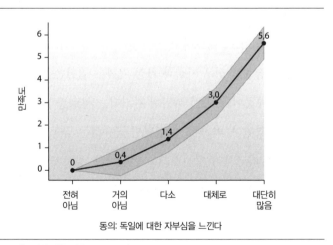

〈그림 6-2〉 **애국심에 따른 만족도**

독일인으로서 자부심을 강하게 느끼는 사람일수록 삶의 만족도가 높다. 예를 들어 독일인이라는 자부심을 '대단히 많이' 느끼는 사람은 전혀 그렇지 않은 사람보다 만족도가 5.6점 더 높다. 여기에는 나와 있지 않지만 한 사람의 만족도 변화에서도 동일한 경향이 발견된다. 즉, 한 사람이 애국심을 더 느낄 때 만족도가 4.4점까지 상승한다. 왜 그럴까?

이 책을 읽는 여러분은, 아니 애초에 독서를 즐기는 사람이라면 스스로를 '세계 시민'으로 여기는 엘리트 교양인에 속할 것이다. 세계시민주의자들은 인권이 국경을 초월한다고 말한다. 따라서 난민은 2등 시민이 아니라고 생각한다. 물론 모두가 그렇게 생각하는 건 아니다. 이른바 공동체주의자들은 자신의 가족·이웃·지역·나라가 가장 중요하다고 말한다. 화재가 발생했을 때 자기 가족부터 구하거나 축구 경기에서 지역팀을 응원한다면 얼마간 공동체주의자라고 볼 수 있다.

공동체주의가 꼭 나쁘다고만은 볼 수 없다. 소규모 공동체가 다른 집단과 경쟁할 경우 자신과 가장 가까운 집단을 우선시하는 게 득이 되기 때문이다. 그런 까닭에 과거에는 서로를 돕고 사는 공동체가 더 번영했다. 따라서 한 집단이 공유하는 공동체주의는 진화론적으로도 타당하며 자연스러운 현상이다. 공동체주의가 없다면 자신을 최우선으로 생각하고 이웃을 나 몰라라 할 테니 파국으로 치닫기 쉽다.[3] 하지만 민족 국가에서는 공동체주의가 변칙적으로 나타날 수밖에 없다. 공동체란 서로가 서로를 잘 알고 있는 집단을 전제하기 때문이다. 무작위로 두 명의 독일인을 뽑으면 서로 모르는 사이일 가능성이 크다. 같은 독일인이라 할지라도 플렌스부르크 주민보다 오펜부르크 주민이 불과 25km 떨어진 프랑스의 스트라스부르 주민과 공통점이 더 많을 것이다. 그런 의미에서 역사학자 베네딕트 앤더슨(Benedict Anderson)은 현대 민족국가를 "상상의 공동체"라고 규정했다.[4] 서로 다른 나라의 국민들이 실제로 거대 공동체를 형성해서가 아니라 독일인·프랑스인·영국인 등 '역사적·문화적으로 연결된 각 국가의 구성원이라고 상상하기' 때문이라고 말한다. 가상이든 아니든 가상 공동체에 대한 믿음이 있을 때라야 비로소 전 국가적인 결속이 가능하다. 가령 국가 공동체라는 환상을 갖고 있기 때문에 자신이 포기한 소득의 절반이 자기도 모르는 사람들에게 가는 것이 용인된다. 이게 바로 세금이다. 이처럼 기꺼이 공유하는 마음이 상상의 공동체와 결부돼 있는 상태에서, 가령 독일인이 낸 세금이 그리스인이나 난민에게 쓰일지도 모른다고 불신한다면 큰일이 벌어질 것이다. 이들은 독일인이 공유하는 상상의 공동체의 일원이 아니기 때문이다. 따라서 한 국가의 국민들이 지니는 공유 의식에는 보상이 주어져야 하는데, 그 보상이 바로 공동체 의식으로 나타난다. 그렇기에 애국자들의 만족도가 더 높은 것도 놀랄 일은 아니다. 그들은 (제약적인) 연대에 대한 보상이라는 점에서 자부심을 갖게 해주는 공동체 의식을 공유한다. 자부심만이 보상이 될 수 있다.[5] 좋든 싫든 애국자들이 만족도가 더 높다는 것은 사실이다. 그들의 공동체 의식이 상상의 산물이라 하더라도 그 상상의 일부나마 만족도를 높여주는 것으로 보인다.

자유롭다고 느끼면 만족도가 높다

이제 눈을 더 넓은 곳으로 돌려보자. 지금까지 독일인의 만족도만
살펴봤다면 이번에는 전 세계 사람들은 언제 만족도가 높아지는지
를 살펴보고자 한다. 물론 수월한 작업은 아니다. 연구원들은 사람
이 어떤 상황에서 대체로 만족하는지에 대해서는 의견의 일치를
보고 있고, 여타 연구 문헌들도 내가 도출해낸 결과를 대체로 입증
하고 있다. 하지만 각 국민의 만족도를 도출하는 것은 다소 골치
아픈 일이다. 조사 대상 국가가 너무 적기 때문이다.

　세계가치관조사(World Value Survey)는 30만 명 이상을 대상으로
삶의 만족도를 묻는 설문조사를 실시했다. 그런데 조사 대상국이
고작 100여 개에 불과해 어느 나라 국민이 만족도가 더 높은지를
살펴보기에는 불충분하다. 정상 범위를 벗어나는 이상치(outlier)의
영향을 많이 받아서다. 예를 들어 스칸디나비아 4개국인 스웨덴·
덴마크·노르웨이·핀란드는 소득 분배가 균등하고 국민들의 만족
도도 매우 높다. 그런데 이는 일반적일까, 예외적일까? 이처럼 사
례가 적으면 소수 국가가 결과를 좌우하게 된다.

　더 정확한 값을 산출하기 위해서는 인류의 역사를 수차례 살펴
면서 소득 분배가 평등한 나라의 국민들이 만족도가 더 높은지를

반복 측정해야 한다. 하지만 우리는 단 하나의 인류만을 경험했고, 그런 까닭에 데이터도 자연히 제한적일 수밖에 없다. 국가 간 비교 연구도 이 문제점을 인지하고 있다. 예를 들어 정치학에서는 민주 주의 국가에서는 전쟁이 일어나지 않는다는 법칙이 있다. 그런데

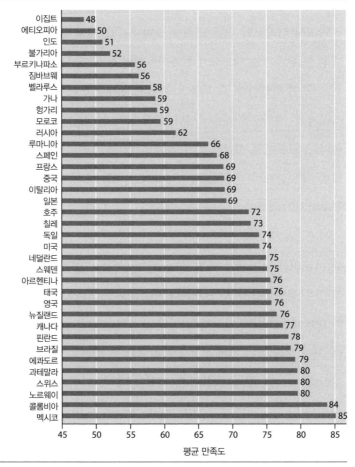

〈그림 6-3〉 **여러 국가의 만족도**

이들 국가에서 지금껏 전쟁이 일어나지 않은 건 우연의 일치일까, 배후에 일반적인 법칙이 있어서일까? 역사가 제시하는 데이터는 매우 적기 때문에 정확한 산출이 어렵고 이 때문에 어느 나라 국민들이 만족도가 높은지에 대한 연구는 자연히 정확도가 떨어진다. 그래도 일단은 감이라도 잡아보자. 〈그림 6-3〉은 여러 나라 국민들의 만족도를 보여준다.[6]

여기서 만족도에 관한 법칙을 찾아내기란 쉽지 않다. 만족도가 매우 높은 국가는 멕시코와 콜롬비아지만 두 국가 모두 부패와 폭력, 빈곤이 만연하다. 그 뒤를 잇는 노르웨이와 스위스는 부패와는 거리가 먼 평화로운 부유국이다. 한편 남미 여러 국가는 만족도가 높다. 노르웨이와 스위스 외에 핀란드·캐나다·뉴질랜드·영국·스웨덴·네덜란드의 만족도도 높다. 하지만 이들 국가 간의 공통점이 무엇인지 뚜렷하게 드러나지는 않는다.

불만족도가 가장 높은 국가들도 공통점을 찾기 힘들다. 무엇보다 아프리카 국가들과 과거 공산주의 국가들이었던 일부 동유럽의 경우 불만족도가 높아 보인다. 이 국가들도 불만족도의 상관성이 단번에 드러나지 않는다. 하지만 보편적인 법칙 몇 가지는 읽힌다. 가장 눈에 띄는 점은 부유국 사람들의 만족도가 더 높으리라는 것이다. 절반은 옳은 소리다. 〈그림 6-4〉에서 그 연관성을 확인할 수 있다.

가로축은 한 국가의 부를 나타낸다. 예를 들어 2011년 독일인 1인당 4만 4,500달러치를 살 수 있는 구매력이 있다.[7] 여기서는 달

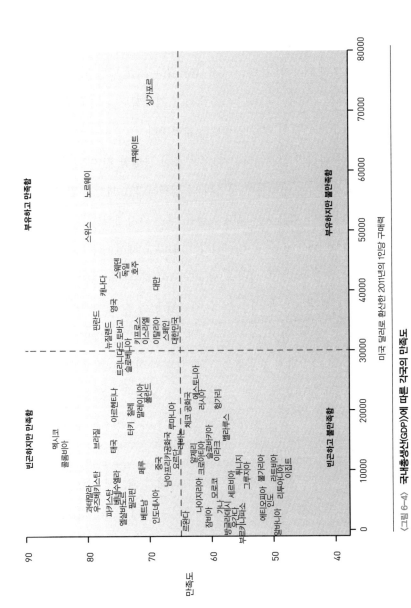

<그림 6-4> **국내총생산(GDP)에 따른 각국의 만족도**

러 구매력으로 조정된 수치를 제시했다. 개발도상국의 물가가 더 낮기 때문에 돈을 덜 쓴다는 점을 고려했다. 좌표 평면상 오른쪽에 가깝게 이동할수록 생활비는 더 비싸고 경제적으로 더 여유가 있다. 세로축은 각국의 평균 만족도를 보여준다.

빈곤한 나라의 국민이라고 해서 무조건 불행한 건 아니지만 부유한 국가에서는 국민들이 무조건 더 행복하다는 사실을 알 수 있다. 1인당 연간 평균 3만 달러 이상을 버는 나라에서는 평균 만족도가 100점 만점에 65점 이상이다. 그렇다고 해서 빈곤국이 모두 불만족도가 높은 것은 아니다. 빈곤국에 속하는 멕시코와 콜롬비아는 국민의 만족도가 매우 높다. 각국이 왼쪽 아래(가난하면서 불만족도가 높은), 왼쪽 위(가난하지만 만족도가 높은), 오른쪽 위(부유하고 만족도가 높은)에 다양하게 분포돼 있는데, 오른쪽 아래는 비어 있다. 부유한 동시에 국민의 불만족도가 높은 국가는 없기 때문이다. 즉, 빈곤하다고 해서 무조건 불만족도가 높은 건 아니지만 부유하면 무조건 만족도가 높아진다.

부유국에서는 최소한의 필수품이 제공되기 때문에 이런 결과가 나타나는 듯하다. 독일과 같은 국가에서는 기아가 만연하지도 않고 폭력 범죄도 드물며 누구나 의료 서비스를 받을 수 있다. 하지만 개인 소득에서 살펴봤듯 국민이 최소한의 필수품을 갖춘 후에는 소득이 더 많아진다고 해서 만족도가 더 높아지는 건 아니다.[8] 이는 리처드 이스털린(Richard Easterlin)이 최초로 밝혀낸 것으로, 오늘날 일부 경제학자들은 경제 성장을 이룩한 국가들이 1960년대에 부가 일정 수준에 도달한 이후로는 만족도가 더는 높아지지 않는다고 설명한다.[9] 반면 빈곤국의 생활 수준은 1960년대의 선진국 수준보다 여전히 낮으므로 최근 들어 경제가 성장하면서 만족도도 높아지고 있다. 하지만 부유국에서도 또 다른 연관성이 발견된다. 다만 선형 형태가 아닌 대수 형태를 띠는데 이는 달리 말해 부유국 국민의 소득이 3만 달러에서 5만 달러로 증가하면 빈곤국에서 3,000달러에서 5,000달러로 증가하는 것만큼이나 만족도가 높아진다는 의미다. 따라서 더 부유해질수록 만족도를 상승시키려면 더 많이 돈이 필요하다.[10]

그런데 일부 빈곤국의 경우 국민의 만족도가 높은 이유는 무엇일까? 바로 체감하는 자율성 때문이다. 〈그림 6-5〉에는 각 국민의 자율성과 자기결정감(스스로 결정하는 주체적 의지-옮긴이)에 대한 평가, 그에 따른 만족도를 보여준다.[11]

한 나라의 국민이 더 자율적이고 자기결정감이 높다고 느낄수록 만족도는 더 상승한다. 국민 평균 만족도의 65퍼센트를 차지할 정도로 이 둘은 만족도와 밀접하게 연관돼 있다.[12] 이는 여타 연구에서도 입증된 바 있으며, 나아가 평균적으로 국민이 체감하는 자율성과 자기결정감은 관용 수준과도 결부돼 있다.[13] 한 사회에서 자율성과 자기결정감을 마음껏 발휘할 수 있다는 것은 억압받지 않는다는 것을 의미하기 때문이다. 그렇다면 관용적인 국가에서 살면 자율성이 보장되며 주체적인 삶을 영위하면 만족도가 높다고 할 수 있을까?

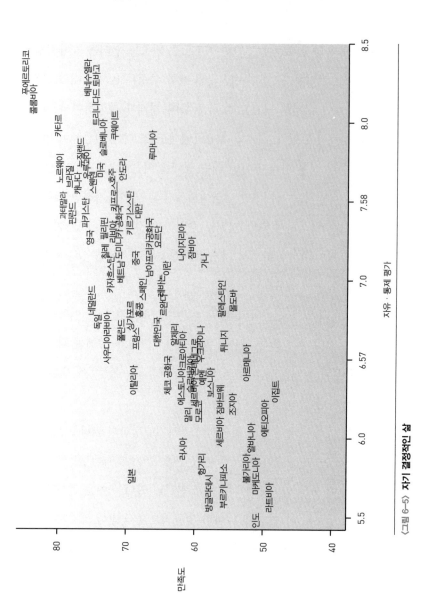

〈그림 6-5〉 **자기 결정적인 삶**

자유·통제 평가

만족도

포에르토리코
콜롬비아
카타르
과테말라 노르웨이
핀란드 브리질
독일 네덜란드 파키스탄 캐나다 뉴질랜드 베네수엘라
사우디아라비아 영국 스웨덴 오스트리아 트리니다드 토바고
폴란드 가자흐스탄 체계 필리핀 미국 슬로베니아 쿠웨이트
이탈리아 프랑스싱가포르 베트남 도미니카 리비아 칠레공화국 키프로스 호주 안도라
홍콩 스페인 남아프리카공화국 키르기스스탄 루마니아
대한민국 르완다레바논 이란 대만
제코 공화국 얀 체리 알바니아 남이프리카공화국 요르단
에스토니아크로아티아 나이지리아
말리 세르비아멕시코 잠비아
모로코 라트비아 우크라이나 가나
보스니아 팔레스타인
러시아 조지아 튀니지 몰도바
헝가리 예멘 아르메니아
방글라데시 세르비아 짐바브웨
부르카파소 이라크
불가리아 이라크 이라크
마케도니아 이집트
에티오피아
라트비아
토고

그렇다고 볼 수 있다. 하지만 자율성을 체감하는 정도는 해당 국가의 정치 체계와 제한적으로나마 관련이 있다. 세계적으로 잘 알려진 폴리티 IV(Polity IV Project)는 일련의 법칙에 따라 각 나라에 민주주의-독재 지수를 부여한다.[14] 이 데이터는 카타르, 우즈베키스탄, 사우디아라비아, 바레인과 같이 극히 비민주적인 일부 나라들의 경우 국민 만족도가 높은 반면 리투아니아, 인도, 라트비아, 불가리아처럼 겉으로는 민주주의 사회를 표방하는 국가의 국민 불만족도가 높다는 사실을 보여준다. 따라서 민주주의 국가냐 아니냐보다 국민이 해당 국가에서 자유를 얼마나 체감하는지가 중요하며 이 둘은 엄연히 별개다. 데이터에 따르면 걸프 지역 국가들과 중국처럼 사실상 비민주적인 나라의 국민들은 자신들보다 더 자유로운 삶을 누리는 독일인이나 프랑스인보다 더 자유롭고 자기결정감도 더 높다고 여긴다. 왜일까? 한 가지 가능성은 실제로는 자유롭지 못한 나라의 국민의 경우 익명 조사임에도 자율성을 체감하지 못하더라도 이를 솔직하게 시인하지 않는다는 것이다. 하지만 이 가능성의 근거를 제시하려면 이들 국가들에서 체감하는 자율성의 정도를 묻는 질문에 대한 솔직한 답변이 허용되지 않는 경우가 많은지 살펴봐야 한다. 하지만 데이터 분석 결과 이는 사실이 아니다. 그렇다면 다음과 같은 해석이 더 타당하다. 즉, 개발도상국 국민들은 자신의 삶을 자율성이 훨씬 적었던 부모의 삶과 비교하기 때문에 기대치가 더 낮다는 것이다. 사실상 민주주의 체제인 경우 국민들이 자기결정권에 대한 기대치가 훨씬 더 높을 것이고, 따라서 덜 자유롭다고 느낄 것이다. 중국인은 2016년부터 다시 자녀를 둘 이상 가질 수 있게 되면서 더 자유로워졌다고 느낄 것이다. 반면 독일인은 부모수당이 1년만 지급되므로 자유롭지 못하다고 느낄 수 있다. 걸프 지역 국가들과 중국의 국민들이 매우 자유롭고 자기결정감이 높다고 생각한다는 사실은 이들 국가의 인권과 자유 신장을 위해 서양 국가들이 쏟고 있는 노력이 좀처럼 진전이 없는 이유를 설명해주기도 한다. 상상하긴 어렵겠지만 수많은 비민주적인 국가의 국민들은 스스로가 통제받지 않는다고 느끼기 때문이다. 또한 자율성은 전적으로 주관적인 느낌이기 때문에 만족도의 척도가 될지언정 민주주의의 척도는 될 수 없다.

부유함과 주관적인 자율성 외에도 국민의 높은 만족도를 보장하는 세 번째 변수가 있다. 세계가치관조사는 타인에 대한 신뢰도를 측정한 바 있는데, 〈그림 6-6〉은 국가별로 타인을 신뢰하는 인구 비율과 각국 국민들의 만족도를 보여준다.

적어도 인구의 절반 이상이 서로를 신뢰하는 국가는 국민의 만족도가 높다. 다만 높은 신뢰가 만족도로 이어지는 건 맞지만 불신이 무조건 불만족을 낳는 건 아니다. 국민의 만족도가 매우 높은 콜롬비아와 멕시코의 경우 타인을 신뢰하지 않는다고 답한 사람들이 많았다. 남미의 대다수 국가에서도 타인을 불신한다고 답한 층이 있음에도 만족도는 매우 높다. 반면 아프리카 국가들과 옛 동구권 국가의 국민들은 타인을 잘 신뢰하지 않으며 만족도도 그에 비례해 낮다. 좌표평면상의 오른쪽 아래는 비어 있는데, 국민들이 상

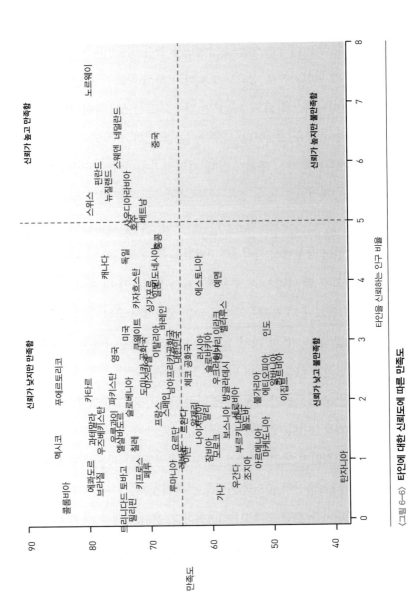

신뢰가 높고 만족함

신뢰가 낮지만 만족함

신뢰가 높지만 불만족함

신뢰가 낮고 불만족함

타인을 신뢰하는 인구 비율

만족도

〈그림 6-6〉 타인에 대한 신뢰도에 따른 만족도

호 신뢰하는 나라는 무조건 만족도가 높기 때문이다. 신뢰의 경우도 부와 마찬가지로 신뢰도가 낮다고 해서 무조건 불만족도가 높은 건 아니지만 신뢰도가 높으면 만족도도 무조건 높아진다.

따라서 자유·부·신뢰·민주주의는 국민의 만족도와 연관돼 있다. 그런데 한 가지 문제가 있다. 가령 부유하면서도 국민의 자율성과 자기결정감도 높을 경우 만족도를 더 높여줄 결정적인 요소는 뭘까? 〈그림 6-7〉은 자유·부·신뢰·민주주의·불평등이 다른 변수가 없는 상황에서 각각 1표준편차 높을 때 국민의 만족도를 나타낸다. 가령 한 나라가 더 부유해지거나 신뢰도가 더 높아지거나 더 민주적이거나 더 불평등해지지 않는 상황에서 국민이 더 자유롭다고 느낄 경우, 즉 한 가지 요소가 두드러지는 동시에 나머지 요소들에 변화가 없을 경우의 만족도를 보여준다.[15]

다른 모든 요소가 동등할 때 만족도에 가장 크게 영향을 미치는 것은 자율성이다. 얼마나 부유한지, 서로 얼마나 신뢰하는지, 얼마나 민주적인지, 소득 분배가 얼마나 불평등한지와는 무관하게 자율성이 1표준편차 높으면 만족도는 최대 3.9점까지 높아진다. 부가 1표준편차 높으면 만족도는 1.8점이다. 신뢰의 경우 그 영향이 통계적으로 유의미한 수치라고 볼 수 없지만 만족도를 약 1점 더 높인다. 하지만 일부 국가만 두고 볼 때 이 같은 상관성을 일반화할 수 있을지는 알 수 없다.

자율성의 정도는 대개 더 높은 만족도와 연관이 있고 신뢰와 부가 보장되면 불만족도는 높아지지 않는 반면, 예상과는 달리 그 외

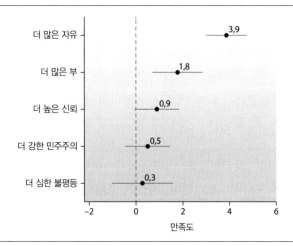

<그림 6-7> 자유·부·신뢰·민주주의·불평등의 정도에 따른 만족도

요소들은 국민의 만족도와 관련이 없다. 우선 앞서 살펴봤듯 객관적인 민주주의의 수준은 만족도와 관련이 없다. 즉, 국민이 이미 자유롭다고 느낀다면 실질적인 민주주의의 수준이 만족도를 더 높여주지는 않는다. 반대로 자율성과 자기결정감에 대한 주관적인 느낌은 실질적인 민주주의 수준과는 관련이 없다 하더라도 만족도에 영향을 준다.

불평등한 국가라고 해서 불만족도가 더 높은 것도 아니다. 영국의 건강과학자인 리처드 윌킨슨(Richard G. Wilkinson)과 케이트 피켓(Kate Pickett)은 2010년에 출간한 책에서 소득 분배가 평등하게 이루어지는 사회의 국민이 더 나은 삶을 누린다고 주장했다.[16] 내가 하버드 대학교에서 1년간 연구 교수로 체류할 때 만난 제이슨 벡필드(Jason Beckfield) 교수는 이 주장을 검증해보려 했지만 연관성을 발견하지 못했다.[17] 나는 평등한 국가라고 해서 국민들의 만족도가 더 높은 것은 아니라는 제이슨의 주장과 일맥상통하는 논문 몇 편을 작성해 여러 학술지에 게재했고, 이를 입증하는 여러 연구들이 진행됐다.[18] 또한 멕시코, 콜롬비아, 과테말라, 에콰도르, 브라질, 푸에르토리코와 같이 매우 불평등한 사회도 만족도가 매우 높다는 사실이 이를 뒷받침한다. 그렇긴 해도 소득 분배가 가장 평등하게 이루어지는 노르웨이, 핀란드, 스웨덴, 덴마크도 국민의 만족도가 매우 높다는 점에서 만족도와 불평등의 연관성은 그리 단순하지 않다.

　이제 자율성과 신뢰도가 더 높으면 만족도도 높아진다는 주장에는 반박할 수 있을 것이다. 이 둘은 지극히 주관적이기 때문이다. 하지만 여기서 중요한 건 개개인의 만족도에 미치는 영향이 아니라 국민의 만족도에 미치는 영향이다. 나는 각국 국민의 만족도 변화를 산출해내기 위해 개개인의 조건을 고정했다. 따라서 내가 타인을 신뢰하지 않는다 하더라도 모두가 서로를 신뢰하는 국가에서는 나의 만족도도 높아진다는 결론을 도출할 수 있다. 자율성의 경우도 마찬가지다. 다른 사람들이 더 자유롭고 자기결정감도 더 높다고 느끼면 자기 자신은 자유롭지 않다고 느끼더라도 만족도가 높아진다. 이 역시 그다지 놀라운 결과는 아니다. 독일인은 그다지 자율성이 높지 않다고 생각할 수 있다. 하지만 그런 주관적인 견해와는 무관하게 독재 국가에서 사는 사람보다는 독일에서 사는 사람이 더 나은 삶을 누린다. 데이터가 보여주는 것도 바로 이것이다. 개인의 조건과는 무관하게 한 나라가 개인의 만족도에 미치는 영향을 보여준다. 여기에 국가 간 비교 연구의 장점이 있다. 개개인의 조건을 떠나 한 국가의 인구 특성이 개인에게 어떤 영향을 미치는지 보여주기 때문이다. 그 밖의 측정치도 이 결과들이 설문조사 응답자의 교육 수준·결혼 유무·나이·고용 상태와 같은 개개인의 특징과는 거의 무관하다는 것을 보여준다.

저명한 근대화 연구자인 로널드 잉글하트(Ronald Inglehart)는 이 데이터에 근거해 각국이 만족도를 높이기 위해 택할 수 있는 두 가지 선택지를 제시한다. 먼저 북유럽 국가들처럼 부유해지거나 관용 수준이 높아지거나 자율성이 높아지는 길이 있고, 아니면 남미 국가들처럼 전통을 유지하면서 더 적은 것에 만족하게 하는 길이 있다. 후자는 현재 가진 것에 만족하라고 설파하는 종교 국가라면 가능하다. 잉글하트는 국민의 삶에서 신이 중요할수록 국가의 만족도도 높아진다고 말한다.[19] 하지만 나는 이 데이터에서 그 연관성은 밝혀낼 수 없었다. 부패한 국가가 불만족도가 더 높다고 주장하는 여타 연구들도 있다.[20] 더없이 타당하게 들리겠지만 이 연관성도 데이터로 입증할 수 없었다. 일각에서는 누진세와 복지 혜택이 크면 만족도도 더 높아질 거라고 주장하기도 한다.[21] 하지만 이 연관성은 모두 스칸디나비아 국가들에서 발견된다는 점에서 얼마간 사실이지만 어디까지나 예외는 있을 수 있다.

만족도를 높이는 요인은 국가마다 판이하다는 반박도 가능하다. 하지만 연구에 따르면 이는 사실이 아니다.[22] 사람들을 만족시키는 것은 국가 간 차이가 거의 없다. 삶에 필요한 조건은 어딜 가나 똑같고 이를 누릴 수 있는지가 나라마다 다를 뿐이다.

마지막으로 이런 질문도 가능하다. 개인의 만족도가 전적으로 그 나라에 달린 문제일까, 개인에게 달린 문제일까? 데이터에 따르면 높은 만족도나 높은 불만족도의 85퍼센트는 거주하는 국가와 무관하게 개별적인 특성에 달려 있다. 즉, 개인적인 만족도의 15퍼센트만 전 국민이 공유하는 상황에 달려 있고 나머지 85퍼센트는 나 자신에 달려 있다.[23]

요컨대 국민이 자유를 체감하고 자기 삶을 통제할 수 있다고 생각하는 국가에서는 특히 만족도가 높다. 한 국가의 부와 상호 신뢰는 국민의 만족도를 보장하지만 빈곤국이라거나 상호 신뢰도가 낮다고 해서 무조건 불만족도가 높아지는 것은 아니다. 객관적으로 추정 가능한 민주주의 수준은 균등한 소득 분배와 마찬가지로 높은 만족도와 거의 관계가 없다.

7장

건강, 운동을
더 많이 해야 할까

나와 마찬가지로 여러분도 딜레마에 빠져 있을 것이다. 비가 내리는 날이나 겨울에 조깅을 하고 싶어 하는 사람은 아무도 없지만 운동을 더 많이 해야 좋다고들 말하니 안 할 수도 없다. 양심의 가책 때문에 조깅에 나서지만 미련한 짓이라고 생각이 드는 한편으로, 그만두려니 더 미련한 짓처럼 느껴진다. 운동을 하면 건강이 좋아지는 건 사실이고, 소파에 앉아 있자니 마냥 행복한 것도 아니니 말이다. 그럼 운동을 더 많이 해서 몸매가 좋아지고 건강해지면 실제로 만족도도 높아질까? 설문조사 응답을 보면 망치로 맞은 듯 얼떨떨할 것이다. 건강하다고 '느끼는' 것이 삶의 만족도에 가장 큰 영향을 미친다는 결과가 나왔기 때문이다. 〈그림 7-1〉의 회색 점은 한 사람이 스스로 건강하지 않다고 평가한 해의 불만족도를, 검은색 점은 다른 사람들보다 자신이 더 건강하지 않다고 생각하는 집단의 불만족도를 나타낸다.

이 그림은 삶의 만족도에 영향을 미치는 가장 강력하고 명백한 요인을 보여준다. 평소에 건강이 매우 안 좋다고 생각하는 사람은 건강이 매우 좋다고 생각하는 사람보다 불만족도가 42점가량 더 높

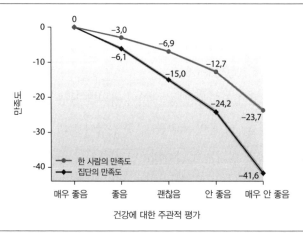

<그림 7-1> 건강 상태에 따른 만족도

다. 지금껏 살펴본 데이터들을 고려하면 10점을 초과하는 것만으로도 강력한 요인으로 볼 수 있는데, 이보다도 4배 이상 높은 수치다. 응답자 대다수는 만족도 척도의 중간 점수로 답한다는 점에서 40점은 가장 행복한 사람과 불행한 사람 사이 10퍼센트의 격차를 의미한다. 따라서 건강이 만족도에 가장 큰 영향을 미친다는 결론이 가능하다. 혹시 주변에 평소 건강이 매우 안 좋다고 생각하는 사람이 있다면 단언컨대 삶에 대한 불만족도도 매우 높을 것이다.

이 그림은 평소에 건강하지 않다고 생각하는 사람의 불만족도가 훨씬 더 높다는 점 외에도 한 가지 사실을 더 보여준다. 바로 한 사람이 건강이 매우 좋다고 생각한 해보다 매우 좋지 않다고 생각한 해에 불만족도가 약 24점이나 더 높다는 점이다. 이는 지금껏 살펴본 결과를 압도하는 어마어마한 수치다. 다시 건강해지더라도 과거의 질병은 여전히 부담으로 남는다. 건강이 작년에 매우 안 좋았다고 응답한 사람이 올해 건강이 다시 좋아졌더라도 불만족도가 5점이나 더 높기 때문이다.

하지만 질병이 불만족을 낳는 것이 아니라 불만족이 질병을 낳는 것은 아닐까? 이 둘의 인과관계, 즉 건강이 삶의 만족도에 실제로 어떤 영향을 미치는지 알아내려면 신체적 고통에 시달릴 때의 만족도를 살펴봐야 한다. 불만족 그 자체가 신체적 고통이라고 볼 수는 없을 테니 말이다. 〈그림 7-2〉의 검은색 곡선은 오랜 기간 신체적인 통증을 겪어온 사람들이 얼마나 더 불만족스러운지를 보여주며, 회색 점은 한 사람이 일정 기간 통증을 느낀 빈도에 따른 불만족도를 나타낸다.

늘 통증에 시달린 경우 일정 기간 통증 없이 지낸 경우보다 불만

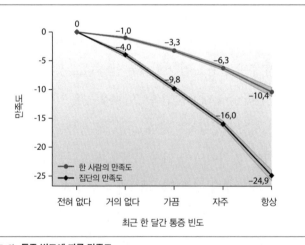

〈그림 7-2〉 **통증 빈도에 따른 만족도**

족도가 25점이나 더 높다. 설문조사 실시 전 4주 동안 가끔씩 통증을 느낀 경우, 그렇지 않은 경우보다 불만족도가 10점 더 높다. 질병과 통증이 삶의 만족도를 대폭 하락시키는 가장 큰 요인인 셈이다. 여기서도 연구 문헌에 언급된 흉터 효과(Narbeneffekte)가 나타난다.[1] 통증과 질병은 신체적 상흔뿐만 아니라 정신적 상흔, 즉 만족감에도 상처를 남긴다. 노화 때문에 아픈 곳이 많아지고 불만족도가 더 높아지는 게 아니다. 여기서는 나이로 인한 효과는 제외했다. 그렇다면 나이가 들어감에 따라 삶의 만족도와 불만족도는 어떻게 바뀔까. 마찬가지로 한 가지만 제외하면 나쁜 소식뿐이다.

노년의 삶은 건강에 달려 있다

나는 생일이 반갑지 않다. 고맙게도 친구들은 매년 내 생일을 축하해주고 싶어 하지만 나는 매번 핸드폰을 꺼놓고 투덜대며 컴퓨터 게임으로 기분을 전환한다. 점차 노쇠해져 죽음이 가까워지는 것을 관망하면서 즐길 기분이 아니기 때문이다.

여러분도 노화가 달갑지 않은가? 생일을 목전에 둔 상태에서 드는 기분은 이게 다가 아니다. 〈그림 7-3〉의 두 점은 18세를 기준으로 한 사람이 나이에 따라 만족도가 어떻게 달라지는지를 보여준다. 먼저 검은색 점부터 살펴보자.

보다시피 한눈에도 불만족도가 급상승함을 알 수 있다. 검은색

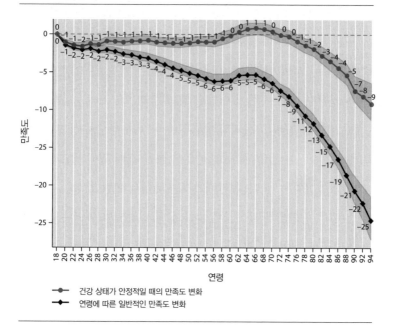

<그림 7-3> **연령에 따른 만족도**

점은 은퇴 전 짧은 휴식을 제외하면 나이가 들면서 불만족도도 높아진다는 것을 보여준다. 기준점인 18세와 비교하면 94세 때 불만족도가 25점이나 높아진다.

그럼 회색 점은 무엇을 나타낼까? 실낱같은 희망이라도 있다는 걸까? 적어도 한 가지 희망은 보인다. 이 선은 자신이 늘 건강하다고 느낄 때 삶의 만족도 변화를 보여준다. 노년기에도 자신의 건강을 청년기 때처럼 긍정적으로 평가하는 사람은 70대 중반까지 만족도가 떨어지지 않는다. 나이가 들면 무조건 만족도가 떨어진다는 철칙 따위는 없는 것이다. 자신이 늘 건강하다고 느끼는 사람은 노화의 부정적인 결과가 대체로 나타나지 않는다. 하지만 대부분은 나이가 들면서 건강이 나빠진다고 느끼기 때문에 만족도도 낮아진다. 희소식도 있다. 2005년 이후로는 노화에 따른 만족도가 그전처럼 낮은 수준을 보이진 않았다는 것이다. 나이가 들면서 만족도가 하락하는 경향은 1980년대와 1990년대에 주로 나타나는데, 당시 의료 서비스가 열악했다는 점이 원인일 수도 있다.

여타 연구에서도 나이듦에 따라 만족도도 떨어지는 것으로 나타났다. 하지만 일각에서는 오히려 인생 중반에 최하점을 찍고 그 후로는 만족도가 다시 높아진다고 주장하기도 한다.[2] 언론이 크게 조명할 만큼 이 주장이 주목을 받긴 했지만 공교롭게도 그 근거에는 결함이 있다. 초기 연구에서 한 사람의 삶의 만족도를 다양한 시기에 비교한 것이 아니라 같은 시기에 청년·중년·노년에 해당하는 다양한 연령대의 만족도를 비교했기 때문이다. 그게 왜 문제가 될까? 2010년에 80세인 사람의 만족도가 높은 것으로 측정됐다고 치자. 이 경우 그 나이대의 만족도가 전반적으로 높다고 오해할 수도 있다. 이를 이른바 코호트 효과(Cohort effect)라고 부른다. 2010년에 80세가 되는 사람은 1930년에 태어나 전쟁통에 부모와 집을 잃거나 주변 사람들의 죽음을 목격한 세대다. 따라서 2010년 이후부터는 세상이 지상낙원처럼 보일 것이다. 즉, 80세가 특히 만족도가 높은 나이여서가 아니라 1930년대에 태어난 사람들이 당시와 비교해 요즘 시대를 긍정적으로 바라보기 때문이다. 2010년에 80세가 되는 사람은 모두 1930년생일 테니 하나의 측정값만으로는 높은 만족도가 나이에서 비롯된 것인지, 태어난 해 때문인지 판별할 수 없다. 이를 통계학에서는 같은 해에 태어나 역사적으로 같은 경험을 지닌다는 의미의 '코호트'라고 한다. 중요한 것은 출생 시기가 서로 다른 노년층의 측정값을 비교했을 때도 건강을 유지한 경우를 제외한다면 나이듦에 따라 불만족도도 높아진다는 사실이다. 또한 스스로 느끼는 건강 상태가 실제 건강 상태보다 훨씬 더 중요하다. 실제로 건강이 안 좋다 하더라도 스스로가 그렇게 느끼지 않으면 문제가 없다.[3]

남성들이 헬스장에서 땀을 흘리는 이유

많은 사람들이 근육을 키우려고 헬스장을 찾는다. 그런데 우락부락한 근육이 실제로 중요할까? 눈사태로 매몰된 집에 갇힌 아이들을 구출하려고 현관문을 부숴야 한다거나 황소가 모는 수레를 끌어보고 싶다면 중요할지도 모르겠다. 여러분은 운동을 얼마나 자주 하는가? 내 경우 육체적 노동이라고 해봤자 컴퓨터 키보드를 치는 게 전부다. 세상이 워낙 편리해져서 사실상 근육을 쓸 일이 거의 없다. 그렇다 보니 헬스장을 찾는 사람들이 신경증에 걸린 기인들처럼 보일 정도다. 힘 쓸 일이 거의 없는 세상인데 육체적 힘이 무슨 소용이 있을까?

SOEP가 그 답을 갖고 있다. SOEP는 악력 테스트를 시행해 악력이 건강을 가늠하는 기본적인 체력 지표임을 입증한 바 있다.[4] 우리는 앞서 스스로 더 건강하다고 느끼는 사람이 실제로 만족도도 더 높다는 사실만 확인했다. 그렇다면 힘이 더 세면 만족도도 더 높아질까? 그 답을 찾으려면 남성과 여성을 구분해 평가해야 한다. 남성의 80퍼센트보다 힘이 약한 남성이라도 여성의 80퍼센트보다 힘이 센 여성보다 더 강하기 때문이다. 〈그림 7-4〉는 동성 간 악력의 세기를 비교한 결과로, 왼쪽은 여성들의 만족도를, 오른쪽은 남성들의 만족도를 보여준다.

대다수 여성들보다 힘이 약한 여성은 불만족도가 매우 높다. 힘이 가장 약한 10퍼센트에 해당하는 여성은 중간에 속하는 여성보다 불만족도가 무려 4점이나 높다. 힘이 약한 여성이 불만족도가 높긴 하지만 힘이 세다고 해서 만족도가 크게 높아지는 아니다. 힘이 약한 남성도 불만족도가 높고 여성과 달리 힘이 셀수록 만족도가 높아진다. 힘이 가장 센 남성의 10퍼센트는 그림 중간에 속하는 남성보다 만족도가 1.5점 더 높다. 요컨대 힘이 약한 남성과 여성 모두 불만족도가 높지만, 남성의 경우 힘이 셀수록 만족도가 높아진다.

왜일까? 힘이 더 약하고 불만족도도 높은 노년층을 생각하면 나이 때문일지도 모른다. 키가 크고 몸무게가 더 나가면 힘도 더 셀 테니 만족도가 높을지도 모른다. 하지만 이 모든 영향 요인을 통제한 상태에서 분석하더라도 결과는 비슷하며 청년과 노년층의 차이는 거의 없다. 혹시 질병이 우리를 허약하게 만들고 만족도를 떨

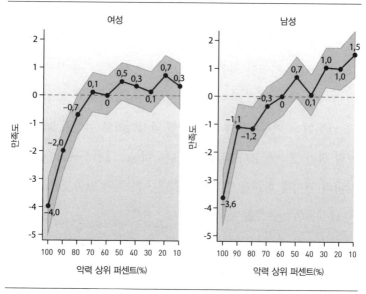

여성

남성

<그림 7-4> 힘에 따른 만족도

어뜨리는 걸까? 실제 연구 결과에 따르면 힘이 더 센 사람이 더 건강하고 더 오래 살지만 힘이 더 센 사람들의 높은 만족도를 완전히 설명하지는 못한다고 한다.[5] 사실 SOEP 데이터에 따르면 이는 일부 결과의 원인으로만 제시될 뿐이며 어디까지나 여성의 경우에 한해서다. 즉, 힘이 더 센 여성은 더 건강하고 그 때문에 만족도도 상승한다. 하지만 남성의 경우는 다르다. 강한 힘은 이상적인 남성성을 의미하며 자신이 강한 남성상과 일치할 때 더 만족감을 느끼기 때문이다. 남성은 힘이 더 세지면 수년에 걸쳐 여성보다 만족도가 2배 더 높아진다. 반면 여성은 힘이 더 세지면 건강이 더 좋아진 한에서만 만족도가 상승한다.

그렇다면 지금 당장 헬스장으로 직행해야 할까? 상황에 따라 다르다. 이번에도 이 상관성이 인과관계 때문인지, 다시 말해 우연의 산물인지 힘이 만족도의 필요조건인지 자문해봐야 한다. 힘이 더 세져서 스스로 더 건강해진다는 느낌이 들고 데이터 결과를 신뢰한다면 만족도는 실제로 높아질 것이다. 하지만 여성은 특히나 현재 허약한 경우에만 효과가 있는 것으로 보인다. 남성의 경우 다른 남성들보다 힘이 더 세지면 만족도는 추가로 더 높아진다. 힘이 세진 결과 다른 남성보다 더 건강해지는 건 아니라 해도 말이다. 그러니 헬스장에서 땀 흘리는 사람들은 생각만큼 헛된 일에 노력을 낭비하는 게 아닌지도 모른다.

왜 큰 키를 선호할까

'키'라는 정보만 활용해 미국 대통령 선거에서 누가 제일 많은 표를 얻을지 추측한다고 치자. 여러분이라면 누구를 선택할 것인가? 단순히 키가 더 큰 후보가 표를 가장 많이 받을 것이라 예측했다면 여러분은 대중의 3분의 2에 해당한다고 볼 수 있다.[6] 키가 매력 요소인 건 분명하다. 여성도 그렇지만 남성들 역시 단 몇 센티미터 더 크게 보이려고 높은 굽을 신고 다니니 말이다. 그렇다면 키가 큰 사람은 실제로 만족도도 더 높을까? 〈그림 7-5〉는 키에 따른 남성과 여성의 만족도를 보여준다. 이 수치는 평균 키를 기준으로 한다. 다시 말해 키가 평균인 남성/여성보다 더 크거나 작을 때 사람들의 만족도가 어떻게 달라지는지를 나타낸다.

남성의 경우 결과는 단순하다. 즉, 키가 클수록 만족도도 그에 따라 상승한다. 평균 남성의 키보다 30cm 작은 150cm인 남성은 불만족도가 5.8점까지 높아진다. 반면 평균 키보다 20cm가 큰 남성, 즉 2m인 남성은 만족도가 3.3점으로 높아진다. 마찬가지로 여성도 평균 키인 165cm보다 크면 만족도가 약간 높아진다. 하지만 여성은 180cm보다 더 크면 만족도가 다시 감소하는 듯하고 그에 따라 신뢰구간도 넓어지는데, 이는 키가 아주 큰 여성인 경우 만족도가 더는 높아지지 않음을 나타낸다. 그렇다면 키는 왜 만족도와

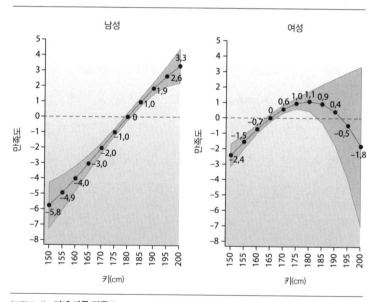

〈그림 7-5〉 **키에 따른 만족도**

상관성이 있는 걸까? 키가 큰 사람들은 만족도가 정말 더 높을까?

그렇다. 키가 큰 사람들은 실제로 만족도도 더 높은 것으로 나타나며 본인들도 그렇게 느낀다. SOEP 데이터에 따르면 키가 큰 사람들은 돈을 더 많이 번다. 경험적 연구에 따르면 키 1cm당 소득은 약 1퍼센트 증가하므로 가령 150cm인 남성은 소득이 평균 키의 남성보다 약 30퍼센트 적은 반면(매달 약 1,000유로), 키가 2m인 남성은 소득이 무려 20퍼센트 더 많다(매달 약 700유로). 반면 키가 아주 작은(150cm) 여성은 평균 키의 여성보다 약 20퍼센트 적은 약 350유로를 벌고, 180cm인 여성은 평균 키의 여성보다 약 20퍼센트를 더 번다.

또 다른 장점도 있다. 대다수는 키가 큰 사람이 더 매력적이라고 생각한다. 설문조사에 따르면 여성들은 자기보다 키가 작은 파트너는 거들떠보지 않으며 자기보다 평균 21cm가 더 큰 사람을 원한다. 반면 남성들은 파트너보다 약 8cm만 커도 족하다고 생각한다. 말도 안 되는 기준이라고? 동의한다. 하지만 실제로 여성들은 키가 더 큰 남성들을 만나면 관계에 더 만족하는 반면, 남성의 만족도는 여성의 키에 좌우되지 않는다. 키가 큰 사람들은 돈을 더 많이 벌고 더 좋은 교육을 받으며 연애 시장에서 더 인기가 많아 더 쉽게 사랑을 쟁취한다. 키가 더 큰 남성들은 자신의 큰 키에 만족하고 여성은 평균이나 평균보다 살짝 큰 키에 가장 만족한다는 사실은 놀랍지 않다.[7] 그런데 대체 왜 그런 걸까? 키가 크면 거의 모든 면에서 더 성공적인 이유는 무엇일까?

연구원들은 깊숙이 내재돼 있는 정신적 '관념' 때문이라고 추측한다. 우리는 키와 실행력을 동일시한다. 키가 큰 사람들은 대개 힘이 더 세고, 따라서 자기주장을 더 쉽게 밀어붙이는 경향이 있다. 다시 말해 큰 키에 대한 선호가 진화론적 뿌리를 지니고 있음을 암시한다. 역사적으로 키가 큰 사람들을 선호하지 않는 사회는 단 하나도 찾아볼 수 없다. 전 세계의 모든 문화권에서 똑같이 키가 큰 사람을 선호하는 현상을 우연의 일치로 보긴 어렵다. 원숭이·코끼리·사슴·새·물고기 세계에서도 더 큰 녀석이 사회적 위계에서 더 높은 곳에 위치한다. 한 실험에서 연구원들은 사람들이 키와 실행 능력을 정말 동일시하는지 시험해보기 위해 국가 지도자가 국민을 만나는 모습을 그려보라고 요청했다. 대다수가 지도자를 일반인보다 2배 더 크게 그렸다. 또한 키가 더 큰 남성들은 스스로를 더 나은 지도자감으로 여긴다.[8] 지금까지의 연구를 검토한 한 기사에 따르면 키가 더 큰 사람들은 스스로를 더 높이 평가할 뿐만 아니라 다른 사람들에게서도 더 높은 평가를 받는다. 그 반대를 한번 상상해보자. 아무도 여러분을 높이 평가하지 않고 여러분도 스스로를 그렇게 평가하지 않는다면 과연 성공할 수 있을까?

연구 문헌과 데이터는 키가 '객관적인 성공'보다는 '성공했다고 인식'하도록 유도한다는 사실도 보여준다.[9] 즉, 키가 더 큰 사람들이 실제로 만족도가 더 높은 이유는 자신이 성공하리라는 확신을 갖고 있고 다른 사람들도 이를 강하게 확신한 덕이다. 키가 클수록 자신감도 더 강하다. 하지만 근거 없는 자신감이 판단 착오를 불러 비극을 초래할 때도 있다. 프로 농구선수라면 모를까 거인이 더 잘 해낼 수 있는 일은 많지 않다. 사회학에서 유명한 '토마스 정리(Thomas Theorem, '자기 실현적 예언'으로도 알려져 있으며, 상황을 주관적으로 해석해 실제라고 정의하면 결국 현실이 된다는 이론-옮긴이)'라는 개념이 있는데, 바로 여기에 적용된다. 실제로 현실에서 그런지 아닌지는 상관없다. 사람들이 어떤 상황을 현실이라고 규정하면 그 상황이 현실이 된다.[10] 따라서 키가 큰 사람들이 실제로 더 나은 지도자인지(물론 아니다)는 중요하지 않다. 모두가 그렇게 믿고 있는 한 사람들은 키가 큰 사람들을 우러러볼 것이며 키가 큰 사람들이 실제로 만족도도 높다는 사실에 놀랄 일도 없을 것이다.

체중 감량이 만족도를 높이는 건 아니다

마리우스 뮐러-웨스턴하겐(Marius Müller-Westernhagen)은 심술궂은 사람이다. 그의 노래 중 '비만(Dicke)'이라는 곡의 가사는 다음과 같다. "비만이 아니라서 얼마나 다행인지 모른다네. 살이 찌는 건 학대나 다름없지. 마른 체형이라 얼마나 다행인지 모른다네. 마른 몸매는 자유롭다는 뜻이나 다름없지." 고약한 가사가 아닐 수 없다. 하지만 비만이 환영받지 못한다는 건 맞는 말이다. 그렇다면 비만인은 정말로 불만족도가 높을까? 다음 그림은 남성/여성이 표준 체중보다 40kg 이상/20kg 이하일 경우 만족도 변화를 보여준

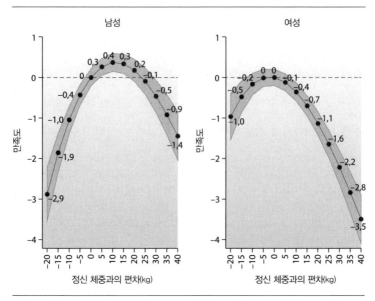

남성

여성

만족도

0.4 0.3
0.3
0 0.2
-0.1
-0.4
-0.5
-1.0
-0.9
-1.9
-1.4

-2.9

정신 체중과의 편차(kg)

만족도

0 0
-0.2
-0.5
-0.1
-0.4
-0.7
-1.0
-1.1
-1.6
-2.2
-2.8
-3.5

정신 체중과의 편차(kg)

〈그림 7-6〉 **체중에 따른 만족도**

다.[11] 참고로 표준 체중은 키에서 100을 뺀 수치로, 예를 들어 키가 180cm면 표준 체중은 80kg이다.

남성과 여성 둘 다 몸무게가 표준 체중보다 더 나갈 때 불만족도가 높은 것으로 나타난다. 표준 체중보다 40kg이 많은 여성은 표준 체중에 해당하는 여성보다 불만족도가 3.5점 높고, 남성은 불만족도가 중간 정도인 1.4점이다. 여성은 심한 비만일 때 더 괴로워하고 남성은 너무 말랐을 때 더 괴로워한다. 남성은 표준 체중보다 20kg이 적으면 불만족도가 약 3점이지만, 여성은 약 1점에 불과하다. 연구에 따르면 마른 남성과 비만 여성의 불만족도가 특히나 높다. 이 연구에서는 교육 수준이 더 높은 사람들이 실제 체중과 무관하게 스스로를 심한 비만으로 생각하는 경향을 보여주는데, 이는 자기 몸에 더 엄격하다는 뜻이다.[12] 그러면 비만인의 불만족도가 높은 이유는 무엇일까? 영국인 표본조사에 따르면 비만인은 차별받는다고 생각하기 때문이다. 이는 다른 사람이 모두 날씬할수록 비만인은 더 불쾌감을 느낀다는 두 번째 연구 결과와도 일맥상통한다. 반면 남성은 다른 사람이 모두 비만일 경우 자신이 비만인 것에 크게 신경 쓰지 않는다.[13] 그 이유는 다소 불분명하지만 비만인의 불만족도가 높은 것은 명백하다. 그렇다면 비만인의 만족도를 높이려면 비만일 경우 살을 빼야 할까? 한 사람이 체중을 감량했을 때 만족도도 높아질까? 〈그림 7-7〉에 그 답이 제시돼 있다.

놀랍게도 남성과 여성 모두 체중을 감량했을 때가 아니라 더 늘었을 때 만족도가 높다는 것을 보여준다. 체중 감량을 하면 만족도가 올라갈 것이라고 기대했다면 실망할 만하다. 바로 앞에서 살펴봤듯 특히 비만 여성이 불만족도가 더 높은 것으로 나타났으니 말이다. 하지만 그림을 보면 남성(그리고 그보다 덜하지만 여성 역시)은 과체중이었던 해에 그렇지 않았을 때보다 만족도가 더 높고, 저체중이었던 해에는 그렇지 않았던 해보다 불만족도가 더 높다. 특히 여성 비만인의 경우 실제로 불만족도가 더 높았는데, 한 사람이 체중을 감량하면 불만족도가 상승하고 체중이 늘면 만족도가 상승하는 것으로 나타난다.[14]

비만인은 불만족도가 높은데도 체중을 감량했을 때 만족도가 높아지지 않는 이유는 무엇일까? 단식을 하는 건 마뜩잖은 일이고 배

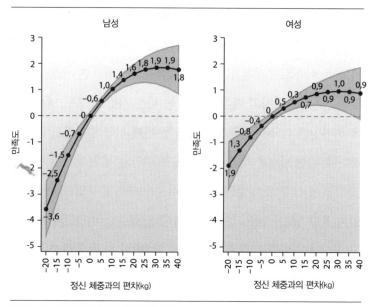

남성　　　　　　　　　　　　　여성

정신 체중과의 편차(kg)　　　　정신 체중과의 편차(kg)

〈그림 7-7〉 **체중 감량 및 증가에 따른 만족도**

가 고프면 인생이 재미없어진다. 이 부정적인 효과는 건강한 기분 에서 오는 긍정적인 효과를 상쇄한다. 자연스럽게 표준 체중으로 줄어든다면 좋은 일이지만 억지로 체중을 줄이려고 하면 오히려 불 만족도가 높아진다. 그런 점에서 뮐러-웨스턴하겐이 특히 비만 여 성을 콕 집어 노래한 건 일면 옳다. 하지만 남성이 비쩍 마른 것도 만족도를 떨어뜨린다는 점에서 틀리기도 했다. 게다가 체중 감량은 남성과 여성 모두에게 득 될 게 없다. 그렇다면 건강한 식생활은 어 떨까? 만족도 향상에 도움이 될까?

건강한 식생활이 중요하다

건강한 식생활에 반대하는 사람은 없다. 그래도 과유불급이라고, 지나치면 안 하느니만 못하다. 나의 지인들도 자연식 섭취(clean eating), 팔레오 다이어트(paleo diet), 키토 다이어트(keto diet)와 기타 식이요법의 효과를 과장하곤 한다. 한 친구는 유기농도 부족하다고 말할 정도다. 건강한 식습관을 뭐라고 부르든 긍정적인 측면은 있다. 식단에 신경 쓸 시간과 여유만 있다면 명칭이 무슨 대수랴. 그렇다면 이들은 건강한 식생활로 어떤 이득을 볼까? 건강에 좋은 최상의 식생활을 유지한 사람들은 만족도가 더 높을까? 식생활에 신경을 쓰면 만족도가 높아질까? 〈그림 7-8〉에서 그 답을 확인할 수 있다.

나로서도 전혀 예측하지 못한 높은 수치다. 건강한 식생활을 유지한 사람들은 그렇지 않은 사람보다 만족도가 8점 더 높다. 한 사람이 건강한 식생활을 유지할 경우에도 만족도는 2.4점으로 높아진다.

인과관계를 따져보느라 머리를 싸맬 필요는 없다. 지금까지 살펴본 바로는 긍정적인 행동이 만족감으로 이어지는지, 아니면 만족감이 긍정적인 행동을 낳는지는 분명히 드러나지 않았다. 하지만 뉴질랜드 연구팀의 실험 결과, 건강한 식생활을 하는 사람은 실제로 기분이 더 좋아지지만 역으로 만족감이 더 건강한 식생활로 이어지는 것은 아니라는 사실이 밝혀졌다.[15] 또한 호주인을 대상으

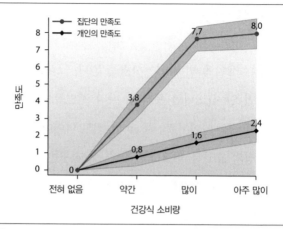

집단의 만족도
개인의 만족도

만족도

8,0
7,7
3,8
2,4
1,6
0,8
0

전혀 없음   약간   많이   아주 많이

건강식 소비량

〈그림 7-8〉 **식생활에 따른 만족도**

로 대량의 표본을 추출한 결과 과일과 채소를 더 많이 섭취했을 때 만족도가 더 높아졌다는 사실도 발견했다. 연구원들은 다양한 시기에 호주의 여러 지역에서 건강한 식생활을 위한 광고 캠페인을 벌인 결과 캠페인을 통해 과일 및 채소 소비가 높아졌다는 점과 과일과 채소를 더 많이 섭취했던 지역에서 사람들의 만족도가 더 높아졌다는 점을 밝혀냈다.[16] 건강한 식습관을 권장하는 인위적인 자극조차 만족도를 상승시키는 것으로 보아 인과관계를 시사하는 것으로 볼 수 있다.

참고로 채식주의자는 만족도가 1.3점, 비건은 2.1점 더 높았다. 하지만 이 수치의 절반은 육류나 동물성 제품을 먹지 않는 사람들이 고소득층이라는 사실이 원인으로 작용했을 수도 있다. 물론 건강한 식생활로 인한 만족도 상승이 고소득 때문만은 아닐 것이다.

그런 의미에서 건강한 식생활만큼이나 간단하고 손쉽게 만족도를 높이는 요인은 없다시피하다. 건강한 식생활을 하는 집단만 만족도가 높아지는 것이 아니라 불특정한 한 사람만 놓고 봐도 건강한 식생활을 하면 만족도는 상승한다.

운동은 생각보다 별 이득이 되지 않는다

운동선수들이 달리기를 하거나 자전거를 타거나 걷는 모습을 보면 우리도 건강을 위해서 운동을 더 많이 해야 한다는 중압감을 느낀다. 그런데 운동이 정말 만족도에 중요한 걸까?

운동선수들의 만족도가 더 높다고 해서 운동과는 거리가 먼 사람이 운동을 더 많이 하면 만족도가 높아지는 건 아니다. 어쩌면 운동이 만족도를 높이는 것이 아니라 원래 만족도가 높은 사람이 운동을 할 가능성이 높거나 심지어 즐기는 경향이 있는지도 모른다. 우울증에 시달리는 사람은 마라톤에 나갈 생각조차 안 할 테니 말이다. 〈그림 7-9〉에서 회색 점은 늘 운동을 더 많이 한 집단의 만족도를 보여주고 검은색 점은 한 사람이 운동을 더 많이 했을 때 만족도를 나타낸다.

과연 늘 운동하는 집단은 운동을 전혀 하지 않은 집단보다 만족도가 약 8점까지 높아진다. 하지만 한 사람이 운동을 자주한 해에 만족도는 단 1.6점 높아질 뿐이다. 여타 연구에서도 비슷한 결과

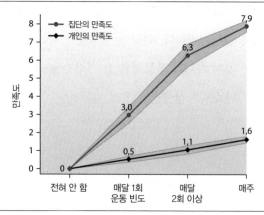

〈그림 7–9〉 **운동 빈도에 따른 만족도**

가 나왔다.[17] 실제로 운동선수들은 만족도가 매우 높다. 하지만 운동과는 거리가 먼 사람은 운동을 더 자주 하면 만족도가 아주 약간 높아지는데, 그래봐야 최대 1.6점으로 중간 수준에 불과하다. 그리고 앞서 살펴봤듯 운동을 더 많이 한 해에 만족도를 높여주는 다른 활동들도 더 자주 한다는 사실이 절반의 원인으로 작용하므로 결국 운동은 만족도를 약 0.9점까지만 높여줄 뿐이다.

운동이 만족감을 낳는지 만족감이 운동으로 이어지는지는 정확히 밝혀진 바 없지만 연구 결과 운동이 삶의 만족도를 높여주고 더 높아진 만족도가 또다시 운동 욕구를 자극하는 선순환을 일으킨다는 사실이 밝혀졌다.[18] 따라서 인과관계는 그다지 중요하지 않고 운동이 만족도를 높이며, 높아진 만족도가 운동을 지속적으로 할 수 있도록 촉진시킨다는 게 중요하다. 운동이 만족도에 끼치는 긍정적인 영향은 동기가 좌우한다. 건강이나 몸매를 위해 운동한다고 응답한 사람은 만족도가 0.8점 더 높다. 재미나 보상을 위해 운동한다고 응답한 사람은 만족도가 1.1점 더 높다. 하지만 운동을 경쟁으로 생각하거나 자신의 한계를 시험하는 수단으로 여기는 사람은 만족도가 오르지 않는다. 능력의 최대치를 뛰어넘고 싶다거나 누군가를 이기고 싶다는 마음으로 운동을 한다면 만족도에 아무런 이득도 되지 않는다는 말이다. 어느 경우든 만족도는 그다지 높아지지 않는다. 다시 말해 운동이 별 재미가 없고 동기를 느끼지 못하며 소파에 앉아 있는 것으로 만족한다면 운동으로 행복을 찾아야 할 하등의 이유가 없다.

건강·식생활·운동·체중과 만족도의 관계를 전반적으로 살펴보면 삶에 대한 우리의 통제력에는 한계가 있음을 알 수 있다. 건강은 삶의 만족도에 매우 큰 영향을 미치지만 체중 감량과 건강한 식생활, 운동은 만족도에 그리 큰 영향을 미치지는 않는다. 그보다는 자신이 실제로 느끼는 건강 상태가 더 핵심적인 영향을 끼친다. 자신이 건강을 유지하고 있다고 생각하면 만족도도 높아질 것이다. 하지만 생각만으로 만족도를 높이는 데도 한계가 있다. 신체 장애라는 시련이 닥쳤을 때가 그렇다. 하지만 바로 여기서 세트포인트 이론이 빛을 발한다. 지금부터 인생의 시련에서 회복하는 데 세트포인트 이론이 어떻게 도움이 되는지 살펴보자.

장애는 극복 가능할까

필립 브릭맨(Philip Brickman)은 30대 후반에 삶을 마감했다. 대중 앞에서 연설하는 것을 극도로 싫어했던 그는 그토록 염원하던 종신 교수직에 임용됐을 때 이를 피할 수 없다는 사실을 뒤늦게 깨달았다. 그의 입장에서는 대중 연설이 인생의 시련으로 느껴졌을 테지만, 그렇다고 극단적 선택까지 할 필요가 있었을까? 역설적으로 들리겠지만 필립 브릭맨보다 그 답을 더 잘 알고 있는 사람은 없을 것이다. 인간이 시련에 어떻게 대처하는지를 연구한 당사자이기 때문이다. 그가 수행한 가장 유명한 연구에 따르면 하반신 마비 환자조차 얼마간 시간이 흐르고 나면 불만족도가 더는 높아지지 않는다.[19] 그는 사람이 적응하지 못하는 것은 거의 없다는 자신의 주장이 전 세계 심리학자들에게 끼친 영향을 실감하지 못하고 생을 마쳤다. 적응은 만족도를 높여주지는 않지만 인생의 시련에 닥쳤을 때는 축복이 될 수 있다. 브릭맨의 사인은 명확히 밝혀지지 않았지만 인간에게 시련을 이겨내는 회복력이 있다고 설파한 당사자가 개인적인 고난을 겪은 후 극단적 선택을 했다는 사실은 혼란스럽다. 그 역시 자신의 연구 결과를 믿지 않았던 건 아닐까.

브릭맨의 연구 결과는 1970년대 후반에 발표됐다. 이 연구에는 결정적인 결점이 있었다. 장애가 없던 사람의 장애 전후 만족도를 비교하지 않았기 때문이다. 해당 연구는 장애인의 만족도만 보여줄 뿐이었다. 하지만 SOEP 데이터로 한 사람이 장애를 얻은 후 불만족도가 더 높아지는지를 알아낼 수 있게 됐다. 〈그림 7-10〉은 일상생활이 현저히 제한되는 장애를 얻었을 때 만족도 변화를 보여준다.

〈그림 7-10〉은 일상생활이 현저히 제한되는 장애를 얻은 해에 불만족도가 최대 14점가량 상승한다는 사실을 보여준다. 그런데 이듬해에는 불만족도가 3점에 불과하고, 2년이 지나면 장애가 없었던 때와 똑같은 수준으로 회복된다. 일상생활이 경미하게 제한되는 장애일 경우 만족도는 첫해에 약 3점 떨어지고 2년이 지나면 도로 회복된다. 장애 정도가 최대 50퍼센트인 경우에도 거의 영향을 미치지 않으며 100퍼센트에 이르러야 만족도가 5점 하락하지만 첫해가 지나면 다시 회복된다. 심각한 장애도 대체로 1년 이내에 적응되는 것이다. 여타 연구에서도 장애는 심각한 타격임에도 불구하고 엄청나게 빠른 속도로 회복된다는 사실을 밝혀냈다. 여

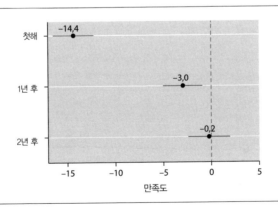

〈그림 7-10〉 **심한 장애 기간에 따른 만족도 변화**

성은 반려자가 장애를 입으면 약 절반은 자신이 장애를 입은 듯한 심한 충격을 받지만 남성은 반려자가 장애를 입어도 별 고통을 느끼지 않는다고 한다.[20] 혹시 남성이 더 인간미가 없다고 생각했다면 이 연구 결과가 그 같은 인식을 부채질할지도 모르겠다.

인간이 장애에 빠르게 적응한다는 브릭맨의 선구적인 연구 결과는 여타 사례와 비교하면 더욱 분명해진다. 예를 들어 우리는 결혼의 긍정적인 효과에도 쉽게 익숙해지지만, 만족도가 원래대로 돌아오는 데에는 그래도 10년 정도는 걸리는 편이다. 브릭맨과 그 동료들이 수행한 연구는 사람이 많은 것에 적응한다는 사실은 정확히 짚어냈지만 우리가 가장 빠르게 적응하는 것이 장애라는 사실을 발견한 건 그저 우연의 산물이었다.

8장

라이프스타일이
삶의 만족도에
미치는 영향

종교는 있는 편이 낫다

인간이 존재를 의식한다는 것은 대단한 일이다. 버젓이 존재하고 있는데 이를 의식하지 못한다는 것도 말이 안 되는 소리긴 하지만. 자신이 존재한다는 사실을 안다는 것은 언젠가는 죽는다는 사실을 안다는 의미이기도 하다. 썩 듣기 좋은 소리는 아니다. 하지만 종교가 이를 해결해줄 수 있다. 종교는 인간이 유한성을 초월해 의식을 지닐 수 있게 해주기 때문이다.

　정말로 종교가 이를 해결할 수 있을까? 바라는 바다. 나도 위대한 '아버지'라는 존재를 믿고 싶다. 안타깝지만 나로서는 너무 황당무계한 생각이라 믿음이 안 간다. 성경은 신을 믿으면 그 즉시 행복해질 수 있다고 광고한다. 구약성경의 잠언에도 이런 구절이 나온다. "주님 말씀에 귀 기울이는 자는 복이 있나니." 그런데 정말 복이 찾아올까? 신자들은 행복에 이르는 지름길을 찾았을까? 그게 사실이라면 만족도를 높여주는 종교가 있다는 말일까? 〈그림 8-1〉은 다양한 신자들의 만족도와 한 사람이 특정 종교를 믿을 때 만족

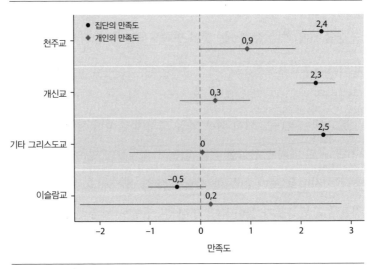

〈그림 8-1〉 **종교에 따른 만족도**

도 변화를 보여준다.

　기타 그리스도교인들처럼 천주교도와 개신교도들은 종교 공동체에 속한 적이 전혀 없었던 사람들보다 실제로 만족도가 더 높다. 반면 이슬람교도들은 비신자들보다 불만족도가 약간 더 높다. 회색 점은 한 사람이 특정 종교에 귀의할 때 만족도가 거의 높아지지 않는다는 사실을 보여준다. 기독교인 집단은 만족도가 높지만, 개인 신자는 만족도가 그다지 높아지지 않는다. 남성과 여성 모두 결과는 같다. 이슬람교도 집단이 불만족도가 높은 이유는 평균 소득이 낮기 때문이다. 나는 소득 수준이 같은 대상자를 비교해 종교가 없는 동일 소득자에 비해 이슬람교도의 만족도가 4점 더 높다는 사실을 알아냈다. 그래도 종교를 갖는 것이 만족도에 별 이득이 되지 않는다는 사실은 변함이 없다. 단순히 종교를 믿는 것보다 종교 공동체에 적극 참여하는 것이 만족도에는 훨씬 더 중요하기 때문이다. 〈그림 8-2〉는 만족도와 교회 출석 빈도 간 상관성을 보여준다.

집단을 나타내는 회색 선은 매달 교회에 출석한 사람들은 평생 단 한 번도 예배에 참석한 적이 없는 사람들보다 만족도가 5점 더 높다는 사실을 보여준다. 한 사람이 교회 예배에 더 자주 참석한 경우에도 만족도가 높아진다. 또한 그 영향도 지속적으로 나타난다. 연구에 따르면 종교 활동 참여로 나타나는 긍정적인 효과는 꾸준히 상승한다. 즉, 교회 예배에 더 자주 참석하면 만족도가 지속적으로 높아진다.[1] 세트포인트 이론과는 달리 만족도가 장기간에 걸

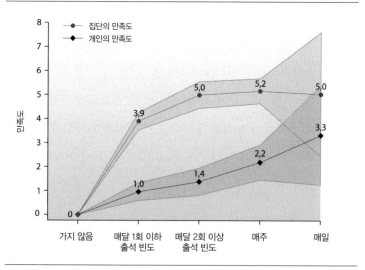

〈그림 8-2〉 **교회 출석 빈도에 따른 만족도**

쳐 높아질 수 있다는 의미다. 환자와 노년층의 경우 신앙심이 더 깊어질수록 만족도도 더 높아진다.[2]

종교와 사회적 교류가 결합되면 만족도에 강력한 영향을 미친다. 신앙심이 깊어져 교회에서 다른 신자들과 더 자주 만날수록 만족도는 더 높아진다. 무엇보다 종교는 생각이 비슷한 사람들을 한데 집결시켜 만족도를 높인다. 막스 베버, 카를 마르크스와 더불어 3대 사회학자로 꼽히는 에밀 뒤르켐은 사람들이 자살을 선택하는 이유를 연구하던 중 종교가 자살을 막아준다는 사실을 알아낸 것으로 유명하다. 자살을 하지 말라고 설교해서가 아니라 뜻이 맞는 사람들로 이루어진 공동체의 일원임을 자각하게 한다는 것이다. 신앙심이 깊어지면 공동의 믿음과 공동의 행위를 통해 결속할 수 있는 기회가 생기고 신자가 극단적인 선택을 할 확률도 줄어든다.[3]

일각에서는 이 같은 뒤르켐의 주장을 두고 종교 공동체가 신을 '발명'해내는 데 긍정적인 영향을 끼쳤다고 해석하기도 한다. 가령 함께 모여 찬송가를 부르거나 춤을 추는 것과 같은 공통의 의식을 행하면 공동체 의식이 생기는데, 이 경우 만족도가 어떤 조건 때문에 높아지는 건지 파악하기 어렵다. 신앙 공동체와의 유대감 때문인지 신에 대한 믿음 때문인지 구분하기가 어렵다는 말이다. 즉, 공동체 의식에서 비롯되는 긍정적 효과를 신의 존재와 혼동하는 것이다. 공동체에 소속돼 있다는 이유 때문에 만족도가 높다는 사실을 알아차리지 못하고, 그 대신 신이 자신들과 함께하기 때문이라고 생각한다. 공동체에 속할 때 만족도가 높아지는 이유를 설명하

려고 신이라는 발명품을 고안해냈다는 얘기다.[4]

　종교 공동체는 불운이 닥쳤을 때도 도움이 된다. 가령 실직을 하더라도 교회에 자주 나가면 의지할 종교 공동체가 없는 실업자보다 만족도가 덜 하락하고 더 빨리 높아진다.[5] 거실에 십자가를 걸어야 할지 말지는 각자 결정할 일이다. 십자가를 걸어둔다 해도 신앙심이 쉽게 생겨나는 건 아니다. 게다가 깊은 신앙심을 갖고 있다 해도 다른 신도들이 그렇지 않으면 만족도는 떨어진다. 2005년 이후 종교 공동체가 만족도에 미치는 긍정적인 효과는 이전과 비슷하지만 매일 교회에 나갈 경우 만족도에 미치는 효과는 이전보다 덜한 것으로 나타났다. 요컨대 데이터 분석 결과와 기존 연구들은 적어도 종교를 갖는 것과 이와 결부된 사회적 접촉이 위기를 극복하는 데 유용하다는 사실을 보여준다.

똑똑해서 손해 볼 건 없다

멍청해지기를 바라는 사람은 없다. 하지만 지능이 정말 삶의 만족도를 높이는 데 중요할까? SOEP는 IQ 검사를 하지는 않지만 지능의 근사치를 측정하는 2가지 테스트를 이용한다. '동물 이름 빨리 말하기'는 90초 안에 동물 이름을 최대한 많이 말해야 하는 검사다. 이른바 뇌의 '집행 기능'을 측정하는 이 검사에서는 특정 유형에 속하는 특징을 최대한 많이 말해야 한다. 관련 지식을 신속히 떠올려 명확하게 표현함으로써 상황에 얼마나 잘 대처할 수 있는지를 측정하는 것이다. 신경과 의사들도 이 검사를 이용해 인지 장애를 진단한다. 두 번째 검사는 숫자와 특정 기호를 신속하게 연결하는 것이다. 동물 이름 빨리 말하기 검사와는 달리 기호-숫자 연결 검사는 뇌의 처리 속도를 측정하기 위한 것이므로 연습으로 향상시킬 수 없다.

요컨대 학습 가능한 지식을 제공해 언어 능력을 측정하고, 생물학적으로 결정된 뇌의 처리 속도를 검사해 그 결과를 합하면 지능의 근사치를 알 수 있다.[6] 〈그림 8-3〉은 남성과 여성의 정보 처리 속도를 하위 10퍼센트부터 상위 10퍼센트까지 10단계로 분류해

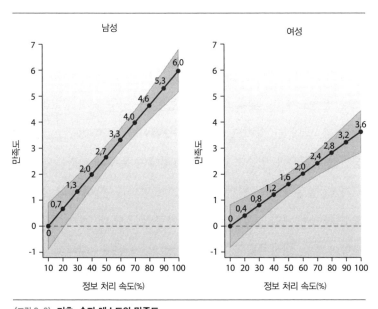

〈그림 8-3〉 **기호-숫자 테스트와 만족도**

각각의 만족도를 보여주고 있다.

놀라운 결과다. 기호와 숫자를 가장 빨리 연결한 10퍼센트의 남성은 가장 느리게 연결한 10퍼센트의 남성보다 만족도가 무려 6점이나 높다. 여성의 경우 그 절반에 그친다. 일반적으로 성별에 따라 약 30퍼센트의 편차를 보여 남성은 2점, 여성은 1.2점이 서로 대응한다. 남성의 만족도가 여성의 만족도보다 지능과 더 밀접한 관련이 있음을 알 수 있다.

언어 구사 능력 검사에서는 남녀 간 차이가 그다지 크지 않다. 〈그림 8-4〉를 보면 가장 빨리 답한 10퍼센트의 남성은 가장 느리게 답한 10퍼센트의 남성보다 만족도가 4.9점 더 높다. 여성의 경우 언어 구사 능력에 기인하는 만족도 차이는 3.7점에 그친다. 일반적으로 성별에 따라 약 30퍼센트의 편차를 보여 남성은 1.6점, 여성은 1.2점이 서로 대응한다.

똑똑한 사람들이 실제로도 만족도가 더 높고, 특히 남성이 여성보다 만족도가 더 높다. 하지만 지능이 큰 영향을 끼친다고는 볼 수 없다. 남녀 간 차이도 대체로 1~2점이다. 기존 연구도 밀접한 상관성이 없음을 입증하고 있다. 그렇다면 똑똑한 사람들의 만족도가 더 높은 이유는 뭘까? 연구에 따르면 이들은 더 좋은 직업을 갖고 있으며 개인 소득이 더 높고 가구 소득도 더 높기 때문이다. 소득이 같은 대상자들 중 똑똑한 남성의 만족도는 대체로 높아지지 않고 똑똑한 여성들의 만족도는 전혀 높아지지 않는다. 지능 그 자체는 만족도와 관련이 없다고 할 수 있다. 똑똑해서라기보다는

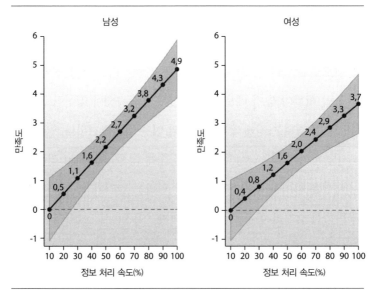

남성

여성

정보 처리 속도(%)

정보 처리 속도(%)

만족도

만족도

〈그림 8-4〉 **동물-이름 맞추기 테스트와 만족도**

더 부유하기 때문에 만족도가 더 높다.

하지만 장기적으로 보면 지능이 단지 더 많은 소득을 벌어들이는 데만 유용한 건 아니다. 한 연구에 따르면 3년 전에 정보 처리 속도가 더 높았던 노년층의 경우 현재의 인생을 더 긍정적으로 평가하는 것으로 나타났다.[7] 이 연구는 노년기에 정신적으로 더 건강한 사람이 더 만족도가 높다고 주장한다. 이 연관성을 밝혀낸 또 다른 결정적인 실험이 있다. 지능과 만족도가 실제로 밀접한 관련이 있다면 인위적으로 지능을 높였을 때도 만족도가 높아져야 한다. 이를 검증하려 비교 집단은 관찰만 하게 하고 모집단은 정보 속도를 훈련시킨 결과 모집단은 5년이 지난 후에도 우울증 발병 확률이 여전히 약 30퍼센트 더 낮은 것으로 나타났다.[8] 즉, 지능은 만족도와 결부돼 있을 뿐만 아니라 실제로 만족도에 영향을 미치는 것으로 보인다. 젊을 때 더 똑똑해야 훗날 더 나은 물질적 환경을 누릴 확률이 높기 때문이다. 말년에는 똑똑해야 정신적 쇠약을 예방할 수 있다는 점에서 만족도와의 연관성이 발견된다.

지능이 여성보다 남성의 만족도 상승에 더 큰 요인으로 작용한다는 사실은 근거를 대기가 어렵지만, 일하는 남자가 더 많아서라거나 똑똑한 남자가 돈을 더 많이 벌기 때문은 아니다. 소득을 통제해도 남녀 간 차이가 나타나기 때문이다. 또한 똑똑할 경우 결혼 시장에서 여성보다 남성에게 도움이 더 되기 때문도 아닌 듯하다. 조사결과 똑똑한 남성이 더 많이 결혼한 것으로 나타나지 않았기 때문이다. 다만 똑똑한 사람들이 만족도가 더 높고, 똑똑한 남성들이 똑똑한 여성들보다 약간 더 만족한다는 사실만 알 수 있을 뿐이다.

남성과 여성, 누가 더 잘 만족할까

어딜 가도 여성들이 받는 불이익을 두고 논쟁이 벌어진다. 요즘은 남성도 불이익을 받는다고 말한다. 둘 중 누가 더 만족도가 높은지를 알면 이 논쟁을 종결시킬 수 있을까? 안타깝지만 그럴 일은 없다. 여성은 남성보다 삶의 만족도가 겨우 0.3점 더 높을 뿐이다. 보잘것없는 격차다. 남녀의 만족도는 대체로 비슷하다. 다만 만족도를 높이는 동기가 다르다. 가령 앞서 살펴봤듯 기혼 남성은 근무 시간이 더 길면 만족도가 높아지지만 기혼 여성은 그렇지 않다. 남성은 여성보다 승진 기회도 2배 더 많다. 하지만 많은 부분에서 그 차이는 예상보다 적게 나타난다. 자녀를 둔 경우 남녀 모두 만족도가 낮아진다.

데이터에 따르면 여성으로 성전환한 사람은 만족도가 3점 더 높아지고, 남성으로 성전환한 사람은 만족도가 3점 하락한다. 그러나 60만 건이 넘는 사례 중에서 성전환 후 만족도가 높아진 건수는 약 600건에 불과했다. 만족도에 큰 차이가 없어 보이는 것도 그 때문이다. 따라서 전반적으로 성별 차이에 기인한 만족도 차이는 크지 않다고 볼 수 있다.

이런 소리를 했다고 페미니스트들은 내게 원망을 쏟아낼 게 뻔하다. 여성이 더 부당한 대우를 받고 있고 그래서 불만족도도 높다고 지적하는 사람들이니 당연한 일이다. 하지만 나는 그저 데이터 결과를 해석해 보여줄 뿐이다. 남녀 간 만족도는 크게 차이가 없지만 이들의 만족도를 높여주는 원인은 다르다는 것은 이 데이터뿐만 아니라 기존 연구에서도 이미 입증된 사실이다.[9]

동성애자보다 양성애자가 더 불만족스럽다

나는 쾰른의 동성애자 거주지구 한복판에서 살고 있다. 어쩌다 보니 늘 동성애자들이 밀집한 아파트에서 살았고, 그런 탓에 동성애를 지극히 정상으로 여겼다. 하지만 그들의 삶이 순탄치 않았음을 실감한 것은 최근의 일이다. 남성 간 성행위는 1994년까지 범죄였고, 2001년에야 동성 동반자가 법적 파트너로 인정됐다. 요즘에는 세상 살기가 더 힘들어졌다고 불평하는 동성애자 친구를 찾아볼 수 없다. 오히려 데이트 상태를 만나기가 쉬워졌다고 말할 정도다. 그런데 이는 대도시에서만 가능한 특수한 현상일까? 아니면 성적 지향이 다르다는 사실이 여전히 단점으로 작용할까? 〈그림 8-5〉는 동성애자/양성애자 남성/여성의 만족도를 이성애자의 만족도와 비교한 결과를 나타낸다.

이 그림은 동성애자가 이성애자에 비해 만족도가 더 높거나 낮지는 않다는 것을 보여준다. 하지만 놀랍게도 양성애자의 경우 이성애자에 비해 여성은 약 5점, 남성은 약 10점까지 불만족도가 높아진다. (신뢰구간이 넓으므로) 만족도에 미치는 영향이 매우 크다고 볼 수 없지만 그래도 상당하다. 이렇게 통계적으로 불확실성이 큰 이유는 설문조사 응답자 2만 1,410명 중 동성애자는 159명, 양성애자는 137명으로 응답자 수가 상대적으로 적고 만족도도 변동폭이 커 양성애자 집단의 평균 불만족도를 확인할 수 없기 때문이다. 더 많은 표본을 추출할 경우 그만한 영향이 나타나지 않을 수도 있겠지만 이 정도도 놀랄 만큼 불만족도가 높은 편이다. 연구에 따르면 특히 양성애자는 불안장애에 더 많이 시달리고 심리적으로 더 불안정하다. 최신 연구에서는 양성애자가 살면서 만족도가 더 빨

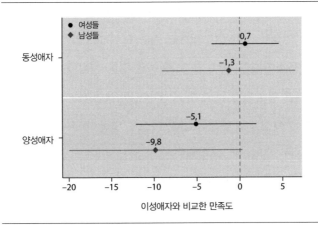

<그림 8-5> **동성애자와 양성애자의 만족도**

리 하락하기 때문에 불만족도가 더 높은 것으로 추측한다.[10] 이 데이터에서는 그 같은 결과가 나타나지 않았다. 양성애자가 불만족도가 더 높다는 것은 다소 의아하기도 하고 고전 경제학적 관점에서 봐도 타당성이 없다. 경제학에서는 더 많은 선택지 자체가 더 좋다고 보기 때문이다. 가령 토마토와 오이가 있을 때 둘 다 고르는 사람은 오이만 고집하는 사람보다 만족도가 떨어지지는 않는다는 것이다. 왠지는 몰라도 오히려 양성애자의 불만족도가 더 높은 것으로 보아 이 주장은 여기에 들어맞지 않는다. 나는 여기서도 소득·연령·교육 수준·고용 상태 등 몇 가지 요소를 통제했다. 따라서 양성애자가 불만족도가 더 높은 이유를 정확히 짚어내긴 어렵지만 신뢰할 수는 있다.

반면 동성애자의 경우 기존 연구도 SOEP 데이터와 같은 결과를 보여준다. 삶의 양식이 다를 뿐 불만족도가 더 높은 건 아니라는 것이다. 이들은 가족과의 교류는 적은 대신 친구들과는 더 많이 교류하고 교육 수준도 다소 높다. 소득의 경우 이성애자 여성보다는 많은 반면 이성애자 남성보다는 적다. 선입견과는 달리 동성애자 남성들은 이성애자 남성과 성격 특성도 별반 다르지 않고 동성애자 여성과는 똑같다.[11] 이렇게만 보면 동성애자들의 삶의 만족도가 낮았던 시대는 이제 지나간 듯하다.

다만 이 데이터는 한 가지 고정관념을 입증하고 있다. 즉, 양성애자 남성보다 양성애자 여성의 비율이 높다는 것이다. 여성의 약 1퍼센트는 스스로를 양성애자라고 밝혔지만, 남성은 0.25퍼센트에 그친다. 여성 양성애자가 남성보다 3~4배 더 높은 반면 동성애자 비율은 남성과 여성이 거의 같다. 그 이유는 다음 장에서 자세히 확인할 수 있다. 미리 말하면 남성이든 여성이든 여성을 더 매력적이라고 생각하기 때문이다.

매력적인 사람의 만족도가 더 높다

나는 원래 머리숱이 많았지만 20대 초반부터 탈모가 시작됐다. 그래도 큰 문제라고 생각한 적은 없다. 하지만 케밥 식당 주인이 머리카락이 다시 풍성해진 모습으로 나타나 모발 이식 경험담을 들려주자 나도 마음이 동했다. 왜일까? 더 잘생겨 보이면 더 만족스러울 거라고 생각했기 때문이다. 외모가 만족도를 결정한다는 건 최악의 편견이다. 하지만 외모가 매력·지능·자상함·도덕적 가치를 좌우하기도 한다. 외모는 우연의 산물에 지나지 않으니 불공평한 일이 아닐 수 없다. 잘난 외모가 인생을 망칠 때도 있다. 눈부신 미모로 유명한 배우 마릴린 먼로가 그렇다. 모든 남자가 흠모했던 그녀는 외모 때문에 오히려 남자복이 없었고 결국 파국을 맞이했다.

그렇다면 잘생긴 외모는 누가 판단하는 걸까? SOEP는 설문조사 진행자들에게 응답자의 외모를 평가해달라고 요청했다. 〈그림 8-6〉은 얼마간 매력적이라고 평가받은 사람들의 만족도를 보여준다. 설문 진행자의 성별은 공개됐다. 왼쪽은 여성 설문조사자가 응답자를 매력적이라고 평가할 때 응답자의 만족도를 나타내고, 오른쪽은 남성 설문조사자가 응답자를 매력적이라고 평가할 때 응답자의 만족도를 보여준다. 1점은 '가장 매력적임', 5점은 '전혀 매력적이지 않음'을 뜻한다.[12]

남녀 모두 여성이 매력적으로 평가할 때 만족도가 훨씬 더 높다. 여성이 남성을 매우 매력적이라고 생각할 때 남성의 만족도는 6.6점, 여성이 여성을 매우 매력적이라고 생각할 때 여성의 만족도는 3.7점이다.

반면 남성의 평가는 훨씬 덜 중요하다. 남성이 이성을 매우 매력적이라고 평가할 경우 여성의 만족도는 전혀 높아지지 않는다. 남성이 동성을 매우 매력적이라고 평가할 경우 남성의 만족도는 약 2.6점에 그친다. 통계적으로 무의미한 수치다. 두 성별 모두 여성의

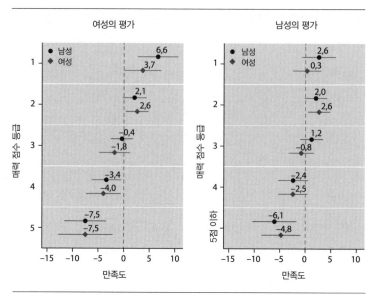

<그림 8-6> **두 성별의 외모 평가에 따른 만족도**

평가를 중시한다. 남성의 경우 동성이 매력적이라고 평가할 경우 크게 개의치 않는다는 것은 이해할 만하다. 하지만 동성의 평가가 여성들에게도 중요하다는 것은 놀랍다.

그 반대 역시 마찬가지다. 여성에게서 전혀 매력적이지 않다는 평가를 받은 남성/여성은 불만족도가 최대 7.5점이다. 반면 남성이 여성을 매력적이지 않다고 생각할 경우 여성의 불만족도는 약 5점이고, 남성이 동성을 전혀 매력적이지 않다고 생각할 경우 남성의 불만족도는 약 6점이다. 요컨대 만족도는 타인이 자신을 얼마나 매력적으로 생각하는지에 크게 좌우되는 듯하다. 남성의 경우 14점까지, 여성은 11점까지 차이가 벌어진다. 이는 소득과 같은 다른 수단으로 만회할 수 없을 만큼 큰 수치다. 매달 1,000유로보다 9배 더 많은 9,000유로(약 1,279만 원)를 번다고 해도 매우 매력적인 사람들이 느끼는 것만큼 만족도가 높아지지는 않는다. 돈보다 외모가 더 중요하다는 얘기다.

그런데 실제로 그럴까? 이는 셀리그먼과 같은 일부 행복 연구자들의 주장과는 모순된다.[13] 하지만 여타 경험적 연구들은 매력적인 사람이 만족도가 더 높다는 사실을 입증하고 있다. 한 연구에 따르면 다른 사람보다 2배 더 매력적인 사람은 만족도가 8~15퍼센트 더 높다.[14] 이 수치의 절반은 매력이 가져다주는 수많은 이점 덕분이다. 매력적인 사람들은 더 유능하고 더 자신감에 차 있으며 더 지적인 사람으로 여겨진다. 더 빨리 고용되고 더 많이 벌 가능성도 크다. 남을 더 잘 설득하고 낯선 사람에게서 도움도 더 빨리 받는다.[15] 경제학자들은 외모가 뛰어나면 두 개의 시장, 즉 취업 시장과 결혼 시장에서 더 성공할 수 있으므로 기본적으로 만족도가 높을 수밖에 없다고 말한다. 퍽이나 낭만적인 얘기다. 불공평하다고 성토한다 한들 현실이니 난들 어쩌랴.

그런데 역인과관계도 성립하지 않을까? 다시 말해 더 매력적이어서 만족도가 더 높은 것이 아니라 만족도가 더 높아서 매력적으로 보인다고 말이다. 경험적 연구에 따르면 만족도와 외모의 상관성은 무엇보다 옷차림과 장신구, 즉 일반적인 차림새가 돋보일 때 뚜렷하게 나타난다. 만족도를 높여주는 것은 매력적인 외모 때문만이 아니다. 자신의 외모를 돋보이게 하는 것도 만족도를 높여준다. 그런 점에서 매력적인 외모가 만족도를 높여줄 뿐만 아니라 만족도 역시 외모를 매력적으로 보이게 한다는 건 일견 논리적이다.[16] 그러고 보면 우리는 늘 침울한 기분에 빠져 있는 사람은 매력적이라고 생각하지 않는다. 그래도 더 매력적인 사람들이 만족도도 더 높다는 사실은 변하지 않는다. 게다가 외모가 만족도를 높여준다는 인과관계를 시사하는 연구도 있다. 성형수술을 통한 만족도를 묻는 어느 조사에서는 성형수술을 한 사람이 만족도가 더 높은 것으로 나타났다. 기존 연구에서도 성형수술을 받고 나서 수년이 흐른 뒤 삶에 대한 만족도가 높아졌다는 사실을 입증했다.[17] 아름다움이 만족을 부른다는 건 피상적이긴 해도 근거가 없는 소리는 아니다.

그렇다면 누가 가장 매력적일까? 결과는 좀 당황스럽다. 여성은 여성이 가장 아름답다고 생각하고(평점 2.8) 그 뒤를 이어 남성은 여성을 아름답다고 생각하며(평점 2.9) 남녀 모두 남성이 가장 매력적이지 않다고 생각한다(평점 3.1). 여타 조사에서도 남녀 모두 여성을 가장 매력적으로 평가하는 것으로 나타났다.[18] 한편, 나이가 들수록 매력이 떨어진다는 것도 사실이다. 약 60세 전에 만족도는 평점 1점이 감소한다. 여성의 경우 약 35세부터 감소하지만 남성의 경우 매력이 떨어지는 나이가 명확하지 않다. 이쯤에서 피상적인 허튼소리는 이제 마무리하고 내면의 가치로 눈을 돌려보자.

만족도는 마음가짐에 달려 있다

만족도가 높은 사람은 마음가짐이 다를까? 쾌락에 적응한 뒤에도 만족도가 더 높아질 수 있을까? 이는 세트포인트 이론에 반기를 든 긍정심리학의 가정이다. 마틴 셀리그먼, 에드 디너(Ed Diener), 소냐 류보머스키(Sonja Lyubomirsky)가 주도한 긍정심리학은 사람이 돈·결혼·장애 등에 적응한다는 사실을 부인하지 않는다. 다만 올바른 마음가짐에 적응하면 만족도에 장기적으로 긍정적인 영향을 미칠 수 있다고 말한다. 분명 근거가 있는 말이다. 그렇지 않다면 인지 행동 치료가 수백만 명의 우울증 환자들의 부정적 사고 패턴을 깨뜨리지 못했을 테니 말이다. 앞서 살펴본 직업적 성공이나 결혼 등은 만족도를 높여주는 피상적인 행위에 불과하며, 결국 기저에 깔린 마음가짐이 긍정적인 영향을 이끌어낼 수 있다. 가령 결혼을 긍정적으로 생각한다면 결혼 자체가 아니라 긍정적인 마음가짐 때문에 만족도도 높아질 수 있다.[19] 그렇다면 어떤 마음가짐이 만족도에 지대한 영향을 미칠까? 만족도가 높은 사람은 어떤 마음가짐을 갖고 있고 불만족도가 높은 사람은 어떤 사고에 사로잡혀 있을까?

〈그림 8-7〉의 검은색 점은 사람들의 마음가짐에 따른 만족도와 불만족도의 변화를 보여준다. 회색 점은 한 사람의 마음가짐에 따른 만족도 변화를 보여준다. 각 수치는 표준편차를 나타내며, 집단과 한 사람 간 일반적인 차이를 보여준다.

만족도를 가장 크게 높여주는 맨 아래 요인부터 살펴보자. 자주

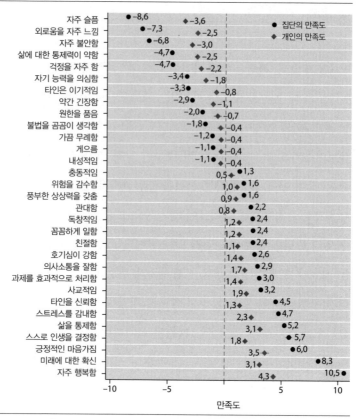

만족도

〈그림 8-7〉 **마음가짐에 따른 만족도**

행복했던 사람은 그렇지 않았던 사람에 비해 만족도가 약 11점이 나 더 높다. 행복감과 만족도는 사실상 결부돼 있으므로 그다지 놀 라운 결과는 아니다. 이제 나머지를 살펴보자. 검은색 점들은 어떤 마음가짐을 가질 때 장기적으로 만족도가 높아지거나 낮아지는지 를 보여주는데, 이를 통해 만족도가 높은 사람/불만족도가 높은 사 람의 특징과 긍정적·부정적 특성을 연결할 수 있다.

회색 점은 어떨까. 이는 특정 집단이 어떤 마음가짐을 지닐 때 만족도가 장기적으로 높아지는지를 보여주는 것이 아니라 한 사람이 어떤 마음가짐을 지닐 때 만족도가 더 높아지는지를 보여준다. 가령 한 사람이 행복감을 더 자주 느낀 해에는 만족도가 약 4점 더 높아지고, 그전보다 미래를 더 낙관적으로 본 해에는 만족도가 약 3점 더 높아진다.

이 수치를 보면 만족도를 높여주는 특징을 추릴 수 있다. 특정 마음가짐과 행동이 만족도와 체계적인 관련성을 보여주는 패턴이 있을까? 이 수치를 자세히 들여다보면 이중 두 가지가 만족도와 크게 연관이 있음이 드러난다. 첫째는 자기 삶에 대한 통제력이고, 둘째는 사교성이다.

스스로를 통제할 줄 알아야 한다

긍정적인 결과들을 보면 한 가지 공통점이 발견된다. 바로 삶에 대한 통제력과 관련이 있다는 점이다. 반대로 부정적인 결과들은 삶을 능동적으로 설계할 수 없다는 확신과 관련이 있다. 이는 자기 삶에 대한 통제력이 거의 없다고 생각하는 사람들이 다른 사람보다 불만족도가 약 5점 더 높다는 사실에서 명확히 드러난다. 마찬가지로 자기 삶을 더 많이 통제할 수 있다고 생각하는 사람은 만족도가 약 2점 더 높다. 또한 어려운 상황이 닥쳤을 때 스스로 문제를 해결할 수 없다고 생각하는 사람은 불만족도가 훨씬 더 높다. 반대로 자기 삶을 스스로 결정할 수 있다고 생각하는 사람은 만족도가 더 높고, 자기 삶을 잘 통제할 수 없다고 생각할 때보다 만족도가 2점 더 높다. 자신이 밟아나갈 인생의 행로를 스스로 결정한다고 생각하는 사람들도 만족도가 비슷하다.

기존 연구도 자기 삶에 대한 통제력이 매우 중요하며 필수적임을 입증하고 있다. 1970년대 중반 엘렌 랭거(Ellen Langer)와 주디스 로딘(Judith Rodin)은 요양원 복도에서 이뤄진 실험을 바탕으로 한 연구 결과를 발표했다. 한쪽 복도에서는 요양원 거주자들이 영화 시청 시간과 꽃을 선택할 수 있게 했다. 이들은 꽃에 직접 물도 주었다. 한마디로 이들은 자기 삶을 더 통제할 수 있었다. 다른 쪽 복도에 거주하는 노인들은 영화 시청 시간과 꽃을 직접 고를 수 없었다. 꽃을 책임질 필요도 없었다. 18개월 후 만족도 조사를 실시하자 더 많은 통제력을 가졌던 거주자들은 만족도가 더 높았고 더 활동적이었을 뿐만 아니라 2배나 더 오래 살았다는 사실이 밝혀졌다.[20] 이 같은 연구는 인과관계를 밝혀내는 데 유용하며 설문조사는 이러한 결과가 일반화가 가능한지를 보여준다. 이 둘을 결합하면 인과관계를 찾아낼 수 있다. 실험과 설문조사 데이터 둘 다 사람들이 자기 삶을 통제할 수 있다고 생각할 때 만족도가 분명 더 높아진다는 것을 보여준다.[21]

낙관주의자들이 훨씬 더 만족도가 높은 이유도 통제력으로 설명할 수 있다. 세상일은 낙관적인 사고와 불일치할 때가 많다. 그런 세상과 반복적으로 부딪히다 보면 애초부터 비관적인 사고를 가진 상태에서 이따금씩 긍정적인 감정을 느끼는 것보다 스트레스를 더 많이 받을 것이라 생각할 수도 있다. 하지만 이는 사실과 다르다. 비관주의자들은 자신의 삶과 환경을 통제하기 어렵다고 생각하기 때문이다. 이들은 어떤 문제에 봉착하면 그 문제가 해결되지 않을 것이며 항상 문제가 발생하고 자신 때문에 일어난 것이라고 생각하며 회피한다. 반면 낙관주의자들은 문제가 해결될 수 있고 어쩌다 한 번씩 일어날 뿐이며 자신과는 관계가 없다고 생각한다.[22] 즉 문제를 통제할 수 있다고 생각한다. 그 문제가 해결할 수 없고 반복적으로 일어나며 자신이 원인일 때가 있을지라도 말이다. 역설적이지만 실제로는 통제력이 없다 하더라도 있다고 생각하는 것만으로도 만족도가 더 높아지는 것이다. 현실을 바라보는 왜곡된 관점이 만족도를 더 높여주는 것도 같은 맥락이다.

삶에 대한 통제력이 없어서 우울해질 때도 있지만 대체로 자기 삶에 대한 통제력을 이용해 우울증의 정도를 정확하게 평가할 수도 있다.[23] 낙관주의가 만족도에 긍정적인 영향을 끼친다는 인과관계가 있고 삶에 대한 통제력이라는 방식으로 나타난다는 사실이 중재 연구에서 밝혀지기도 했다.[24] 한 연구에서는 긍정적인 미래를 상상하고 이를 적어보는 것만으로 사람들의 만족도가 높아지는 것으로 나타났다. 자신의 미래가 얼마나 멋지게 펼쳐질지 묘사해보라고 요청받은 사람들도 이후에 만족도가 상승했다. 자신감과 통제력을 인위적으로 높이는 것만으로도 만족도가 높아진 것이다.[25] 이처럼 대상자들에게 미래를 희망적으로 바라보라고 한 연구들에서는 만족도가 높아지는 현상이 나타났지만 반대로 과거의 문제점에 집중하는 중재 연구의 경우 대상자들이 문제에 지나치게 사로잡히는 결과가 나타나기도 했는데, 그런 이유로 심리치료사들이 지나간 과거의 문제만 파고드는 게 아니냐는 의심을 사기도 했다. 그런 의미에서 낙관주의와 통제력에 대한 확신을 갖게 하는 것이 더 올바른 처방이 될 수 있다.[26]

타인과 교류하라

비관주의를 동반하는, 자기 삶을 통제할 수 없다는 믿음 외에 두 번째로 만족도를 떨어뜨리는 요인은 외로움이다. 늘 외로움을 느끼는 사람은 불만족도가 훨씬 높다. 반면 사교적이고 대화를 즐기는 사람은 만족도가 훨씬 높다.

앞서 살펴봤듯 인간은 타인과의 교류가 필요하다. 하지만 마음가짐이 사회적 접촉에 걸림돌로 작용하면 만족도는 더 떨어진다. 가령 타인은 자신에게 도움이 되기는커녕 이기적이라고 생각하는 사람은 불만족도가 훨씬 높다. 기존 연구에서 입증된 것처럼 타인을 신뢰하지 않는 사람도 불만족도가 높다.[27] 국가 간 비교 연구에서도 사회적 신뢰가 더 높은 나라가 더 큰 경제 성장을 이루고, 따라서 더 부유하며 국민이 상호 신뢰하면 그렇지 않을 때보다 전체 인구의 만족도가 약 10점까지 높아진다는 사실이 밝혀졌다.[28] 요컨대 서로 친절하게 대하면 만족도를 크게 높일 수 있다는 얘기다.

사람들은 많은 이유로 미국을 비판하지만 미국인들의 일상 교류에서 배울 점도 있다. 언젠가 미국에서 커피를 주문하면서 60세 가량의 여성 종업원에게 커피를 가득 채우지 말라고 부탁한 적이 있다. 카페인에 찌들어 각성 효과에 취한 채 나머지 일정을 해치우고 싶지 않기 때문이다. 그러자 그녀는 내 어깨를 가볍게 툭 치더니 환한 표정으로 이렇게 말했다. "얼마든지요, 손님." 덕분에 하루 종일 기분이 좋았다. 비단 내 얘기만은 아니다. 어느 연구에 따르면 카페에서 종업원들과 짧은 대화를 나눈 사람들은 그저 커피만 샀을 때보다 만족도가 더 높았다. 사람들이 대중교통을 이용하며 다른 사람과 즐겁게 대화를 나눈 실험에서도 피험자들의 만족도는 더 높았다. 꼭 사교적인 사람이 될 필요는 없다. 타인과 교류하려는 작은 동기를 부여하는 것만으로도 만족도는 높아진다.[29]

생각보다 덜 중요한 것

마음가짐이 중요하긴 하지만 늘 그런 건 아니다. 가령 내성적이거나 예의가 없거나 게으른 사람들은 놀랍게도 불만족도가 그리 높지 않다. 충동적인 사람조차 만족도가 조금 더 높을 정도다. 의외라고 생각했다면 스스로 한번쯤 점검해보는 것도 좋겠다. 어떤 마음가짐이 자신의 만족도를 높여주는지 한번 생각해보자. 결국은 마음가짐의 변화가 장기적인 만족도에는 다른 요인들보다 유용해 보인다.

하지만 좀 더 쉬운 방법도 있다. 심리학자들은 사람의 성격이 5가지 특성으로 구분된다는 사실을 발견했는데, 지금부터 각 특성들이 삶의 만족도에 어떤 영향을 미치는지 살펴보자.

5대 성격 특성과 만족도

자신의 성격이 어떤 유형인지 잘 모르겠다면 인터넷에서 '5대 성격 특성 검사(the big five personality test)'를 찾아보자. 시간도 얼마 걸리지 않는 데다 공짜다.

'5대 성격 특성'이란 무엇일까? 이는 개인의 성격을 결정하는 5가지 특성을 말한다. 1925년 심리학자 고든 올포트(Gordon Allport)는 사전에 실린 단어 중 사람의 성격을 묘사하는 어휘 1만 7,953개를 추려냈다. 심리학자 워렌 노먼(Warren Norman)은 이 엄청난 어휘 목록을 5가지 특징으로 줄였고 이는 오늘날까지 사람의 성격을 구분하는 데 쓰이고 있다.[30] 말하자면 1만 7,953가지의 성향이 5가지로 좁혀진 것이다. 인간을 5가지 특성으로 설명할 수 있다는 사실이 놀라운 한편으로 모욕적이기도 하지만 일리는 있다. 심리학자들이 100년에 걸쳐 인간의 특성을 나타내는 말을 추려낼 때마다 5가지가 동일하게 도출됐기 때문이다. 게다가 모든 언어권에서도 같은 결과가 나타나자 인간의 성격을 구성하는 기본적인 5가지 요인이 있다는 점에 동의하는 심리학자들이 늘어났다.[31] 그렇다면 이 5가지 특성은 무엇일까?

사람의 성격을 구분 짓는 첫 번째 특성은 개방성이다. 개방적인 사람은 독창적이고 상상력이 풍부하며 호기심이 많고 새로운 경험을 잘 받아들이며 기존 지식에 의문을 제기하고 관습에 덜 치우치며 모험심이 있다. 개방적인 사람은 새로운 시도를 즐기면서도 하던 일에 쉽게 질린다. 가령 나는 매우 개방적인 사람이다. 새로운 프로젝트에 착수하거나 새로운 사람을 만나는 경우에는 더할 나위 없이 좋은 특성이다. 하지만 뒷심이 부족하다. 새로운 이야깃거리가 없는 옛 친구들을 만날 때면 짜증이 나기도 한다. 다른 사람보다 더 빨리 흥미를 잃기 때문이다. 새 책에 착수할 때면 열정이 불타오르지만 마무리 지어야 할 때는 절로 욕이 나오는 식이다. 개방적인 성격의 장점이자 단점이다.

두 번째는 성실성이다. 성실한 사람은 늘 성취동기가 강하고 성공 지향적이며 꼼꼼하고 일을 깔끔하게 마무리하며 목표를 달성할 때까지 포기하지 않고 체계적이며 자기절제력이 있다.

세 번째는 외향성이다. 의사소통과 대화를 즐기는 성향은 사교적이고 속내를 잘 털어놓는데, 심리학자들은 이를 외향성의 특징으로 본다. 외향적인 사람들은 사람들과 함께 있을 때 편안함을 느끼고 소통 욕구가 강하다. 그렇지 않은 사람은 혼자 있는 것을 즐기고 웬만하면 타인과 논의하지 않으며 스스로를 수줍음이 많은 사람이라고 생각한다. 외향적인 사람은 파티 분위기를 주도하고, 내향적인 사람은 파티에 아예 참석하지 않으려 할지도 모른다. 다분히 주관적이지만 나로 말하면 매우 외향적인 유형이다.

네 번째는 친화성이다. 친화적인 사람은 타인을 친절하게 대하고 관대하며 예의 바르고 기꺼이 도와주며 타인을 생각하고 금세 용서하며 다른 사람도 자신과 같으리라고 생각한다. 이들은 관계가 틀어질지도 모른다는 생각에 자기주장을 관철시키지 않는다. 연봉 협상을 할 때도 원하는 만큼 연봉을 못 받을까 봐 염려하기보다 분위기가 껄끄러워질까 봐 걱정한다. 자신의 일을 잘 해내려는 과정에서 혹 타인에게 상처를 주진 않을지 걱정한다. 세상이 친화적이지 않은 사람들로 넘쳐 난다면 냉정하고 이기적인 사회가 될 것이며 더 많은 갈등이 생겨 결국 경쟁만 난무할 것이다. 모두가 친화적인 세상도 이상적이지 않다. 다른 사람에게 상처를 줄까 봐 걱정된다면 새로운 아이디어는 나오지 않을 테니 말이다.

이상 4가지 성격 특성은 장단점이 공존하지만 다섯 번째 특성은 딱히 장점이 없어 보인다. 어떤 사람들은 정서적으로 더 불안정하고 더 민감하며 자의식이 낮고 걱정이 많으며 더 스트레스를 받는데, 이를 신경증적 성향으로 규정한다. 경미한 신경과민증 그 자체는 긍정적인 감정이라고 할 순 없지만 감정적 안전성 및 감수성과 연관이 있다는 점에서 긍정적인 측면이 아예 없는 건 아니다. 매사 예민하게 반응하는 사람은 삶의 긍정적인 측면을 예민하게 포착할 수 있기 때문이다.

중요한 건 이 5가지 특성이 고유하며 서로 간섭할 수 없다는 것이다. 가령 개방성은 외향성, 친화성, 신경증적 성향, 성실성과는 무관하다. 개방성이나 성실성은 성별 간 차이가 없다. 다만 여성의 경우 남성보다 평균적으로 20퍼센트 더 외향적이고, 50퍼센트 더 신경질적이다.[32] 그런 점에서는 성별의 차이가 아예 없다고 볼 순 없지만 그보다는 무작위로 선별한 두 개인 간의 차이가 모든 남성 평균과 모든 여성 평균보다 2배 이상, 개인 간의 차이는 성별 간의 차이보다 2배 이상 크다.

그렇다면 어떤 성격 유형이 더 만족도가 높을까? 대화를 더 좋아하는 사람이 더 높을까? 성실한 사람이 더 높을까, 아니면 신경질적인 사람이 더 높을까? 타인과 잘 지내는 사람들이 더 높을까, 아니면 자기주장을 고수하는 사람이 더 높을까? 개방적인 게 좋을까, 아니면 관습적인 게 좋을까? 정서적으로 안정된 사람들은 만족도가 더 높을까? 〈그림 8-8〉의 검은색 점은 항상 한 가지 특성이 더 강하게 표출된 집단의 만족도 변화를, 회색 점은 한 사람이 평소보다 한 가지 성격이 더 강하게 나타날 때 만족도 변화를 보여준다.

검은색 점은 항상 더 친화적이고 더 개방적이고 더 성실하고 더 외향적인 사람들의 만족도가 각각 2점가량 더 높다는 것을 보여준다. 따라서 친화적이고 개방적이고 성실하고 외향적인 사람들은

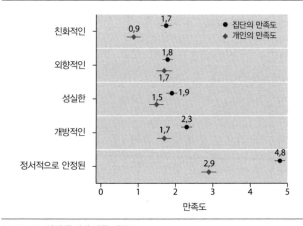

〈그림 8-8〉 **인격 특성에 따른 만족도**

만족도가 더 높은 사람들이다. 한 사람의 경우에서도 마찬가지로 이러한 특성 중 한 가지가 특히나 더 두드러질 때 만족도가 1~2점 높아진다.

이 4가지 특성은 긍정적인 영향을 미치지만 신경증적 성향은 그렇지 않다. 다른 사람보다 항상 1표준편차만큼 더 신경질적인 사람은 불만족도가 약 5점 더 높아진다. 그리고 한 사람이 더 신경질적으로 변한 해에도 역시 불만족도가 약 3점 더 높아진다. 신경질적인 사람은 불만족도만 더 높은 것이 아니라 만족도도 심하게 변동하는데, 이는 신경증적 성향이 정서 불안정을 의미한다는 점에서 그리 놀라운 일은 아니다.[33]

하지만 여기서도 인과관계는 분명히 드러나지 않는다. 특정한 성격 특성이 만족감을 높이는 것인지, 만족도가 높은 사람들이 이러한 성격 특성이 더 강해지는지 알 수 없다는 말이다. 개방적인 사람은 만족도가 더 높다. 반대로 만족도가 높은 사람은 자기 자신에 대해서는 관심이 덜하고, 그 때문에 새로운 것에 더 개방적일 수 있다. 일부 연구에 따르면 만족도가 높은 사람들은 정서적으로 더 안정되고 더 외향적이며 더 개방적이고 더 친화적이며 더 성실해지는 데 별다른 어려움을 느끼지 못한다. 또 다른 연구에서는 이러한 특성들이 기본적으로 만족도를 높여주는 게 아니라 특정 상황에서만 만족도를 높여준다고 주장한다.[34] 외향적인 사람들은 특히 다른 사람들도 외향적일 때, 그러니까 그 행동이 사회적 규범에 적합할 때 만족도가 더 상승하는 것처럼 보인다는 것이다.[35] 일부 특성은 특정 조건 하에서만 만족도를 높여주는 듯하며 만족도에 좌우되기도 한다. 한 실험에서는 자신의 경험을 타인과 공유하는 사람은 경험을 기록만 한 사람보다 만족도가 더 높아지는 것으로 나타났다.[36] 이는 외향성에 억지로 적응한 경우에도 만족도가 높아진다는 사실을 보여준다. 성격 특성들이 만족도에 끼치는 영향은 불분명하지만 신경증적 성향이 만족도에 독이 된다는 사실만큼은 분명하다.

여성은 남성에 비해 직장 생활을 하는 경우가 상대적으로 적으므로 친화성이 만족도를 높이는 데 더 유용하다. 남성은 성실성이 직장 생활에 도움이 되므로 만족도에도 유용하다. 하지만 남녀 모두 만족도를 높이거나 삶을 힘들게 하는 성격 특성은 동일하다. 전반적으로 어떤 성격 특성이 삶의 만족도를 높여주는지 확실하게 말할 수 있다. 만족도가 높은 사람은 더 개방적이고 더 성실하고 더 외향적이고 더 친화적이며 무엇보다 신경질적이지 않다.

경쟁에 매달리지 마라

인생의 목표는 돈일 수도, 사랑일 수도, 펭귄을 구하는 것일 수도 있다. 과연 어떤 목표가 삶의 만족도를 높일까? 직업적 성공을 중시하는 사람들은 만족도가 더 높을까? 여행을 더 많이 하는 게 목표인 사람은 어떨까? 가족을 중시하는 경우는 어떨까? 아니면 더 나은 세상을 만들기 위해 사회 활동에 참여하는 게 더 중요할까?

〈그림 8-9〉의 검은색 점은 특정한 삶의 목표를 열정적으로 추구했던 집단의 만족도를 보여준다. 회색 점은 한 사람이 특정 목표를 더 열렬히 추구할 때 그러지 않은 때보다 만족도가 더 높아지는지를 보여준다.

이 그림은 삶의 목표가 경쟁일 때는 만족도가 높아지지 않는다는 사실을 보여준다. 왜일까? 행복 연구원 브루스 헤디(Bruce Headey)는 직업적 성공처럼 경쟁을 목표로 하는 것을 '제로섬 게임'이라고 부른다. 제로섬 게임은 지는 사람이 있어야 이기는 게임이다. 가령 자기보다 돈을 더 많이 버는 사람이 있으면 박탈감을 느낄 수밖에 없다. 제로섬 게임은 다른 사람에게도 잔인한 일이지만 자신에게도 도움이 되지 않는다. 그 이유는 뭘까?

여러분이 남보다 더 많이 벌 수 있다고 치자. 여러분에게는 좋은 일이지만 이런 문제도 생긴다. 여러분의 성공에 자극을 받은 다른 사람들이 생겨나면서 세계에서 가장 부유한 단 한 사람만 승리하는 끝없는 경쟁에 내몰리게 되는 것이다. 여러분이 더 많은 목표를 달성할수록 비교 기준도 더 높아진다. 마침내 경쟁에서 승리해 요트 한 척을 갖게 됐다고 치자. 얼마 지나지 않아 해변 관광객들이 아닌 요트 소유주들과 스스로를 비교하게 될 것이다. 대형 요트를 갖지 못한 여러분은 또다시 수많은 사람 중 한 명으로 전락하게 될 것이다. 중간 관리자에서 고위 관리자로 승진했는가? 잘된 일이다. 하지만 얼마 지나지 않아 이사진과 스스로를 비교해보고는 자신의

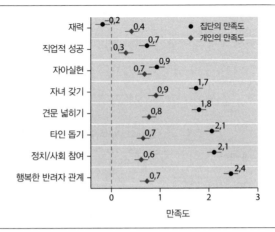

〈그림 8-9〉 **인생 목표에 따른 만족도**

위치가 중간급 내지 그 아래 직급임을 깨닫게 될 것이다. 가장 큰 요트를 소유한 세계 최고의 부자 CEO라 할지라도 걱정을 떨칠 수 없다. 경쟁자들이 곧 추격해 올 테니 말이다. 연구에 따르면 타인과 비교해 결과가 좋지 않으면 불만족도가 높아지고 결과가 좋다 하더라도 딱히 만족도가 높아지는 것도 아니다.[37]

따라서 남보다 더 성공하길 바라는 건 행복에 이르는 길이 아니다. 그런데 왜 우리는 기를 쓰며 성공하려는 걸까? 인간은 만족도보다 성공을 좇도록 진화했다. 그런데 여기에 문제가 내포돼 있다. 우리는 더 성공적으로 보이게 해주는 목표를 열광적으로 좇지만 장기적으로는 만족도가 높아지지 않는다는 것이다.[38] 어떻게 해야 이 덫에서 벗어날 수 있을까? 타인의 실패를 담보하지 않는 성공을 목표로 삼을 때 벗어날 수 있다. 행복한 반려자 관계와 자녀, 사회 활동 참여, 타인을 중시하는 사람은 자신의 목표를 달성하더라도 다른 사람들에게서 앗아갈 게 없다. 이러한 목표는 고단한 경쟁을 부르지 않는다. 누구나 달성 가능하므로 뒤를 쫓는 사람도 없다. 이런 목표를 추구할 때 여러분은 더 느긋해질 수 있다.[39]

그런데 부유한 사람들만 경쟁 지향적 목표를 포기할 수 있는 건 아닐까? 이들에게는 직업적 성공과 소득을 후순위로 미뤄둘 여유가 있지 않은가? 그럴듯하게 들리지만 중산층 응답자만 비교해도 결과는 마찬가지다. 만족도를 높여주는 목표에는 남녀 간 차이도 거의 없다. 직업적 성공을 중시하는 여성은 만족도가 전혀 높아지지 않지만, 남성은 다소 높아진다는 점만 다르다. 하지만 이는 일을 하지 않는 여성이 많기 때문이다. 일을 하는 여성의 경우 남성과 비슷하다. 게다가 흥미롭게도 정규직 여성들의 경우 자녀 출산은 만족도를 전혀 높여주지 않는다. 반대로 자녀를 원하는 남성들은 만족도가 높아지는데, 여성에게 육아를 맡기기 때문인 것으로 보인다.

어쨌든 지금까지 살펴본 결과 희소식이라면 이타주의와 이기주의가 상반되는 개념은 아니라는 점이다. 남에게 피해를 주지 않는 목표를 가진 사람은 만족도가 높다. 반면, 남보다 더 성공하려고 애쓰는 사람은 만족도가 떨어지는 경향이 있는데, 이는 나르시시스트의 경우도 마찬가지다. 이들은 자신이 세상의 중심이라고 생각하고 자신이 빛나기 위해 경쟁자들의 실패를 바란다. 나르시시스트는 불만족도도 약 2점 더 높다. 다른 사람을 실패자로 여기는 사람은 자신이 위대한 인격자라고 평가받길 바라는 사람과 똑같이 불만족도가 1점 더 높다. 스스로를 가장 잘났다고 생각하는 사람은 실제로 삶에 대한 불만족도 더 높다. 주변에 자신이 세상의 중심이라고 생각하거나 거만하게 구는 사람이 있다면 훗날 삶에 대한 불만족이라는 대가를 치르리라는 것을 명심하자. 그처럼 허장성세를 일삼는 사람은 상종도 않는 게 상책이다. 알고 보면 가련한 인생일 뿐이다.

무엇보다 중요한 건 자기 삶에 만족하는 것이다

그렇다면 삶의 어떤 영역에 공을 들여야 만족도가 높아질까? 건강이 가장 중요할까? 아니면 부자가 되는 게 좋을까? 아니면 인기가 많은 게 좋을까? 삶의 만족도를 높여주는 것은 사람마다 다르다. 하지만 전반적인 만족도로 보면 소득은 그다지 중요하지 않다. 그러면 결혼 생활이나 친구 관계의 만족도를 높이는 게 더 중요할까? 만족도는 삶의 어떤 영역과 밀접히 연관돼 있을까? 〈그림 8-10〉의 검은색 점은 삶의 특정 영역에 늘 만족했던 집단의 만족도 변화를 나타낸다. 회색 점은 한 사람이 삶의 특정 영역에 더 만족할 때 그렇지 않은 때보다 만족도가 얼마나 높아지는지를 보여준다.

자신의 생활 수준에 늘 만족하는 사람은 그렇지 않은 사람보다 만족도가 약 11점 더 높다. 한 사람이 자신의 생활 수준에 더 만족한 해에는 그렇지 않은 해보다 만족도가 7점 더 높다. 여타 연구에

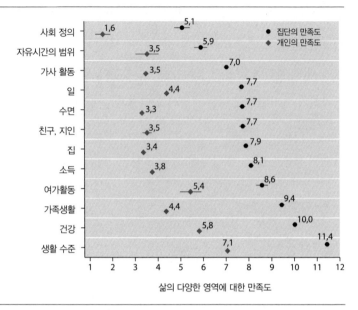

〈그림 8-10〉 삶의 각 영역에 따른 만족도

서는 여성과 달리 남성은 자신의 생활 수준에 만족하지 않는 경우 더 일찍 사망한다고 나타난다.[40] 물질적 풍요는 삶의 만족도에 그다지 중요하지 않다는 앞선 조사 결과를 떠올리면 놀라운 사실이다. 그런데 곰곰이 생각해 보면 틀린 말은 아니다. 자신의 생활 수준에 만족하는 사람만이 타인을 헤아릴 여유가 생기고, 그런 여유에서 만족감이 비롯할 수도 있기 때문이다. 적어도 나는 데이터를 그렇게 해석하고 싶다. 건강에 만족하는 것도 그것만큼 중요해 보인다. 자신의 건강에 늘 만족했던 사람들은 그렇지 않은 사람보다 만족도가 10점 더 높고, 스스로의 건강에 불만족했던 때보다 약 6점 더 높다. 종합하면 무엇보다 중요한 건 자기 삶에 만족하는 것이다. 가령 독일인의 경우 독일 사회의 정의에 만족한다고 하더라도 자기 삶에 대한 만족도는 그다지 높지 않을 수 있다.

그나저나 최악의 선입견이 또다시 사실로 드러난다. 남성은 소득과 일에 만족할 때, 여성은 집안일에 만족할 때 더 행복해한다는 점이다. 이는 정규직으로 일하는 남성이 더 많기 때문이다. 남성도 일을 덜 하면 직업도 덜 중요해진다. 반대로 정규직 남성과 여성만을 대상으로 한 결과를 비교해보면 삶의 여러 영역들이 만족도에 미치는 중요성에는 남녀 간 차이가 거의 없다.

9장

사랑, 어떤 사람을
만나야 할까

나를 행복하게 해주는 사람의 조건

마지막으로 '어떤 사람이 나를 행복하게 해줄까?'에 답할 차례다. 반려자로 적합한 사람을 어떻게 찾아야 할까? 나로선 여러분이 어떤 사람과 궁합이 맞을지 알 도리가 없지만 대체로 어떤 유형의 반려자가 상대방의 만족도를 더 높여주는지는 알려줄 수 있다. 〈그림 9-1〉의 검은색은 반려자의 성격에 따른 만족도의 변화를 보여준다. 회색은 반려자가 어떤 성격으로 변할 때 만족도가 높아지는지를 보여준다. 자신의 만족도를 높여줄 반려자의 성격 특성은 과연 무엇일까?

반려자가 미래에 대해 강한 확신을 갖고 있다면 여러분의 만족도는 2.4점으로 높아진다. 반려자가 특정 해에 미래에 대한 확신을 갖고 있으면 같은 해에 여러분의 만족도도 상승한다. 일반적으로 여러분의 만족도를 높여주는 특성이 반려자가 갖춰야 할 특성이다.[1] 가령 여러분이 최근 행복감을 자주 느꼈다는 이유만으로 만족도가 더 상승하는 것은 아니다. 여러분이 최근에 느낀 만족감과

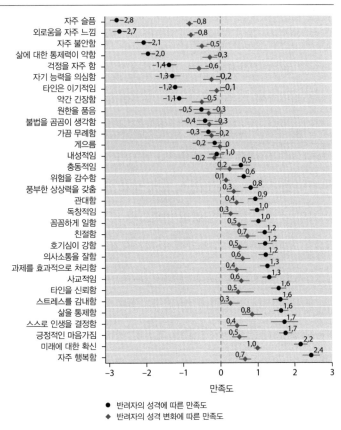

자주 슬픔 ●-2,8 ◆-0,8
외로움을 자주 느낌 ●-2,7 ◆-0,8
자주 불안함 ●-2,1 ◆-0,5
삶에 대한 통제력이 약함 ●-2,0 ◆-0,3
걱정을 자주 함 ●-1,4 ◆-0,6
자기 능력을 의심함 ●-1,3 ◆-0,2
타인은 이기적임 ●-1,2 ◆-0,1
약간 긴장함 ●-1,1 ◆-0,5
원한을 품음 ●-0,5 ◆-0,3
불법을 곰곰이 생각함 ●-0,4 ◆-0,3
가끔 무례함 ●-0,3 ◆-0,2
게으름 ●-0,2 ◆-0
내성적임 ●-0,2 ◆-1,0
충동적임 ●0,2 ◆0,5
위험을 감수함 ●0,1 ◆0,6
풍부한 상상력을 갖춤 ●0,3 ◆0,8
관대함 ●0,4 ◆0,9
독창적임 ●0,3 ◆1,0
꼼꼼하게 일함 ●0,5 ◆1,0
친절함 ●0,7 ◆1,2
호기심이 강함 ●0,5 ◆1,2
의사소통을 잘함 ●0,6 ◆1,2
과제를 효과적으로 처리함 ●0,4 ◆1,3
사교적임 ●0,6 ◆1,3
타인을 신뢰함 ●0,5 ◆1,6
스트레스를 감내함 ●0,3 ◆1,6
삶을 통제함 ●0,8 ◆1,6
스스로 인생을 결정함 ●0,4 ◆1,7
긍정적인 마음가짐 ●0,5 ◆1,7
미래에 대한 확신 ●1,0 ◆2,2
자주 행복함 ●0,7 ◆2,4

만족도

● 반려자의 성격에 따른 만족도
◆ 반려자의 성격 변화에 따른 만족도

〈그림 9–1〉 **반려자의 마음가짐에 따른 만족도**

는 무관하게 반려자가 행복해했다면 여러분의 만족도는 추가로 상승하기도 한다. 따라서 반려자가 느끼는 행복은 여러분에게 긍정적인 영향을 끼친다고 볼 수 있다. 여러분에게 긍정적으로 작용하는 거의 모든 성격 특성은 반려자의 만족도에도 긍정적으로 작용한다.

가령 자기 삶에 대한 통제력이 있다고 생각하면 자신의 만족도만 높아지는 게 아니다(8장 참조). 삶의 통제력에 대한 자신의 확신과는 무관하게 반려자 역시 자기 삶에 대한 통제력이 있다고 생각하면 여러분의 만족도는 추가로 상승한다. 또 반려자가 긍정적이고 낙관적이며 스트레스를 잘 관리하고 신뢰감을 주며 호기심이 강하다면, 즉 삶에 대한 통제력과 자신감, 사교성이 있다면 반려자 자신의 삶뿐 아니라 여러분의 삶에 대한 만족도도 더 높아진다. 반려자의 낙관주의가 여러분의 만족도와 직결되는 이유는 반려자를 있는 그대로 바라보기보다 더 긍정적으로 바라볼 때 반려자와 좋은 관계를 유지할 수 있기 때문이다.[2] 즉, 만족도가 높은 반려 관계는 현실과는 달리 서로에 대해 긍정적인 이미지를 투사하는 관계다. 현실 그대로 인식하기보다 왜곡된 관점으로 바라볼 때 만족도가 더 높아진다는 말이다. 반대로 부정적으로 작용하기도 한다. 반려자가 걱정이 많거나 불안감에 시달리거나 슬픔에 잠겨 있거나 외로움을 잘 타거나 자기 삶에 대한 통제력이 없다고 여기고 스스로를 의심하거나 타인은 이기적이라고 생각한다면, 반려자의 이러한 부정적인 시각에 동의하지 않는다 하더라도 반려자의 만족도와 더불어 여러분의 만족도도 떨어진다.

여기서도 반려자의 만족도를 높이거나 떨어뜨리는 성격 특성에는 남녀 간 차이가 거의 없다. 이는 앞서 살펴본 '가사노동'(그림 2-6), '소득'(그림 3-1), '노동 시간'(그림 3-5)의 경우와 조금 다르다. 이들 그림은 자신의 만족도를 높여주는 반려자의 성격 특성에는 남녀 차이가 없다는 점을 보여주지만, 앞서 살펴본 바로는 만족도에 가장 크게 기여하는 반려자의 '특정 행동'은 남녀 간 차이가 있다.[3]

반려자의 성격도 앞서 살펴본 5가지 성격 특성으로 나눌 수 있을까? 반려자와 함께 차를 타야 한다면 어떤 성격이 가장 좋을까? 친화적인 사람? 성실한 사람? 외향적인 사람? 개방적인 사람? 신경질적인 사람? 〈그림 9-2〉의 검은색 점은 반려자의 여러 성격 특성 가운데 한 가지 특성이 매사에 강하게 드러날 때 만족도 변화를 보여준다. 회색 점은 반려자가 친화적이거나 성실하거나 외향적이거나 개방적이거나 차분한 성격으로 변할 때 자신의 만족도 변화를 보여준다.

독일인은 반려자를 찾을 때 성실함, 자상함, 유머 감각을 가장 많이 보는 반면, 직업적 성공을 목표로 하는 사람은 그다지 선호하

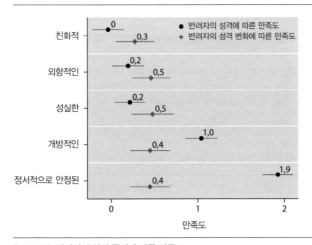

〈그림 9-2〉 **반려자의 인격 특성에 따른 만족도**

지 않는다고 한다.[4] 그런데 놀랍게도 여기서는 경쟁 지향적인 반려자보다 친화적인 반려자에 대한 만족도가 더 떨어지는 것으로 나타난다. 독일인은 오히려 만족도를 떨어뜨리는 사람을 배우자감으로 찾는 셈이다. 친화적인 반려자가 만족도에 거의 기여하지 않는다는 것은 기존 연구 결과와도 모순된다. 셀리그먼도 서로를 이해하려고 노력할 때 반려 관계에 대한 만족도가 높아진다고 말하지 않았던가.[5] 친화적인 반려자가 아니면 누가 그런 노력을 기울이겠는가?

반려자가 늘 성실하거나 외향적인 경우도 만족도를 약간 더 높여줄 뿐이다. 반면 늘 개방적인 반려자는 삶의 만족도에 전반적인 영향을 끼친다. 최선은 신경질적이지 않은 반려자를 만나는 것이다. 정서적으로 안정된 반려자의 경우 만족도를 약 2점까지 높여준다. 기존 연구에서도 신경질적인 반려자와 함께 살면 삶이 지옥 같다고 느끼는 반면, 그 외 성격 특성은 그다지 차이가 없는 것으로 나타났다.[6] 이는 장기적인 변화만 보여주는 것이 아니다. 반려자의 성격 특성 중 한 가지가 특히 뚜렷하게 나타난 해, 가령 정서적으로 더 안정될 경우 그해에 자신의 만족도는 더 높아진다. 나아가 연구원들은 반려자가 신경질적이지 않을 경우 결혼 생활에 대한 만족도도 장기적으로 높아진다고 추측한다.[7]

반려자가 신경질적이지만 불만족도가 더 높아지지 않을 때도 있다. 자신이 반려자보다 더 신경질적인 경우가 그렇다. 이를 감안해 나는 한 가지 성격 특성이 평균 이상으로 강하게 나타나는 반려자를 둔 경우의 만족도를 측정했다. 따라서 이런 물음도 가능하다. 여러분은 성격이 평범하지만 반려자가 한 가지 성격 특성이 뚜렷하다면 어떨까? 이는 여러분이 신경질적이고 반려자도 신경질적일 경우 덜 나쁘다는 의미가 아니다. 오히려 이러한 성격 특성들은 여러분의 성격 특성과 무관하게 좋지 않다. 그렇지 않다면 부정적인 영향이 더 강하게 나타날 것이다. 반려자가 신경질적일 경우 대체로 자신도 신경질적이기 때문에 불만족도가 더 높다.

요컨대 반려자는 가능하면 신경질적인 성격이 최소한 발현되는, 이왕이면 여러분보다 덜 신경질적인 사람이면서 더 개방적이고 더 외향적이고 더 성실하면 좋다. 여타 연구에서도 반려자가 각 특성을 골고루 갖추되 무엇보다 신경질적인 성향이 덜하면 만족도에 조금은 이롭다고 나타난다.[8] 물론 신경질적 특성을 제외한 다른 성격 특성의 경우 만족도에 미치는 영향은 크지 않으므로 무조건 친화적이거나 성실하거나 외향적이거나 개방적인 반려자를 찾아야 할 필요는 없다.

행복해지려면 어떤 목표를 가진 반려자를 만나야 할까? 소설을 원작으로 한 영화 〈노트북〉에서는 가난한 남성과 사랑에 빠진 젊은 여성이 나온다. 여주인공이 나이가 들어 치매에 걸리자 남자가 과거에 함께한 나날들을 기록한 그녀의 일기장을 매일 읽어준다. 이 영화에서 여자는 사회적으로 성공한 재력가 남성이 아닌 가난한 남성을 택했다. 과연 현명한 선택이었을까? 나를 최우선으로 여기는 반려자와 함께하면 더 행복해질까? 아니면 사회적 성공을 중

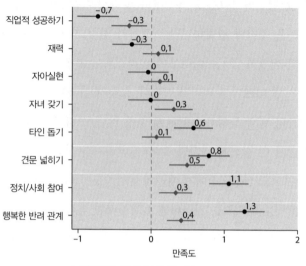

직업적 성공하기 −0.7 / −0.3
재력 −0.3 / 0.1
자아실현 0 / 0.1
자녀 갖기 0 / 0.3
타인 돕기 0.6 / 0.1
견문 넓히기 0.8 / 0.5
정치/사회 참여 1.1 / 0.3
행복한 반려 관계 1.3 / 0.4

만족도

● 목적의식이 강한 반려자에 따른 만족도
◆ 목적의식이 생긴 반려자에 따른 만족도

〈그림 9-3〉 **반려자의 인생 목표에 따른 만족도**

요시하는 반려자와 함께하면 더 행복해질까? 〈그림 9-3〉은 반려자의 목표에 따라 자신의 만족도가 어떻게 달라지는지를 보여준다. 검은색 선은 반려자가 항상 특정 목표를 강하게 추구할 경우 만족도의 변화를, 회색 점은 반려자가 평소보다 특정 목표를 더 강하게 추구할 때의 만족도 변화를 보여준다.

독일인은 소득이 높고 사회적으로 성공한 사람보다 가족과 자녀를 중요시하는 반려자를 찾는 경향이 있다.[9] 앞서 경쟁 지향적인 반려자보다 친화적인 반려자가 꼭 만족도를 높여주는 건 아니라는 결과를 확인했는데, 〈그림 9-3〉을 보면 반려자가 특히 사회적 성공이나 고소득, 자아실현을 추구할 경우 실제로는 여러분의 만족도에는 별 도움이 되지 않는다는 사실을 알 수 있다. 반면 반려자가 행복한 반려 관계를 중요시하면 여러분의 만족도가 좀 더 높아진다. 여타 연구에서는 반려자가 주로 물질적인 풍요와 사회적인 성공에 관심을 둘 경우 만족도가 떨어지는 것으로 나타났다.[10] 여성의 경우 반려자가 자녀 및 행복한 반려 관계를 추구하는 것을 더 중시한다. 남성도 반려자가 행복한 반려 관계에 관심을 두는 것을 중시하지만 자녀 여부는 만족도에 영향을 끼치지 않는다.

이제 마지막 질문에 답할 차례다. 모두들 반려자가 만족하길 원한다. 그리고 여러분은 반려자가 삶의 특정 영역에서 만족도가 높아지도록 도울 수 있다. 그게 여러분에게도 이득이 될까? 반려자가 삶의 어떤 영역에서 만족해야 자신의 만족도도 높아질까? 〈그림 9-4〉는 그 답을 보여준다.

가장 중요한 것은 반려자가 항상 약 10점의 높은 만족도를 유지해왔다면 자신의 만족도 역시 약 5.7점 높아진다는 사실이다. 반려자가 최근에 10점 상승했다면 자신 역시 3.6점 더 행복해진다. 즉, 반려자의 장기적인 만족도 중 57퍼센트는 여러분의 만족도에 반영되고, 반려자의 만족도 변화 중 36퍼센트는 여러분의 만족도 변화에 반영된다. 따라서 여러분의 만족도가 높다면 반려자의 만족도가 높다고 볼 수 있다.

반려자가 소득이나 건강 측면에서 만족도가 높아졌다면 여러분의 만족도도 전반적으로 높아진다. 가령 여러분의 생활 수준이 썩

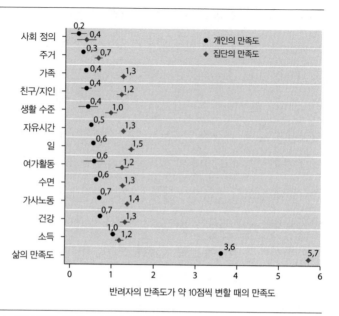

사회 정의 0,2 / 0,4
주거 0,3 / 0,7
가족 0,4 / 1,3
친구/지인 0,4 / 1,2
생활 수준 0,4 / 1,0
자유시간 0,5 / 1,3
일 0,6 / 1,5
여가활동 0,6 / 1,2
수면 0,6 / 1,3
가사노동 0,7 / 1,4
건강 0,7 / 1,3
소득 1,0 / 1,2
삶의 만족도 3,6 / 5,7

● 개인의 만족도
◆ 집단의 만족도

반려자의 만족도가 약 10점씩 변할 때의 만족도

〈그림 9-4〉 **삶의 다양한 영역에 대한 반려자의 만족도**

만족스럽지 않더라도 반려자가 만족하면 여러분의 만족도도 올라
간다. 다시 말해 반려자의 만족도와 여러분의 만족도는 비례하므
로 반려자가 행복한 것이 유리하다.

여타 연구도 반려자의 만족도가 높을 때 자신의 만족도도 높아
진다는 점을 입증한다. 만족도가 더 높은 사람들이 만족도가 더 높
은 반려자를 찾아서가 아니다. 그보다는 반려자가 행복하면 자신
도 행복해지기 때문이다. 가령 반려자가 우울증 때문에 삶의 만족
도가 4분의 1가량 떨어진다면 여러분의 삶의 만족도에도 부정적
으로 전이된다. 반려자의 건강이 안 좋을 때도 만족도 하락 비율의

절반 이상은 여러분의 만족도에 영향을 미친다.[11] 반려자의 삶이 평온해야 여러분의 삶도 평온해진다는 얘기다. 반려자가 실직하면 여러분의 불만족도는 상승하고, 반대로 재취업하면 여러분의 만족도도 높아진다.[12] 여러분이 나이가 더 많고 반려자의 만족도가 1표준편차만큼 높다면 여러분이 8년 안에 사망할 확률은 약 13퍼센트 더 낮아진다.[13] 결혼 생활에 썩 만족하지 않는 남성도 최소한 배우자가 결혼 생활에 만족하면 자신의 만족도가 높아진다. 역으로 여성의 만족도는 결혼 생활에 대한 남성의 만족도에 영향을 덜 받는다.[14] "아내가 행복해야 인생이 행복하다(Happy wife, happy life)"라는 말이 옳다는 것을 보여주는 셈이다.

반려자의 만족도가 높으면 성별을 떠나 둘 다 똑같이 이득을 본다. 하지만 남성은 반려자가 집안일에 만족도가 높을 때 특히 만족도가 높아지는 반면, 여성은 반려자가 소득과 일에서 만족도가 높을 때 만족도가 높아진다. 그러나 이런 작은 차이보다 더 중요한 건 반려자의 만족도가 높으면 여러분도 만족도가 높아진다는 사실을 알아두는 것이다. 나부터 행복하자는 이기주의가 오히려 사랑하는 이의 만족도를 높여주는 이타주의로 실현되니 누이 좋고 매부 좋은 일이 아닐까.

10장

우리는 왜 만족하거나 만족하지 못할까

지금까지 방대한 SOEP 설문조사에서 나타난 흥미로운 결과들을 살펴보며 사람들이 언제 만족감을 느끼는지를 알아봤다. 하지만 아직 한 가지 질문이 남았다. 결과를 전부 알게 된 지금 기분이 마냥 유쾌하지만은 않을 것이다. 이 결과들을 진지하게 받아들여야 할까? 만족도를 높여준다고 해서 내 인생을 거기에 짜맞춰야 할까? 긍정적으로 생각한다면야 못할 것도 없다.

　여러분을 가장 잘 아는 사람은 자기 자신일 테니 스스로가 평균에 해당하는지 한번 평가해보자. 나는 평균적인 만족도가 얼마인지, 얼마나 평균에서 벗어나는지만 알려줄 수 있을 뿐이다. 평균 이하와 이상 중 어디에 해당하는지는 여러분만이 평가할 수 있다. 가령 소득 증가와 만족도 간 상관관계를 살펴볼 때 대다수가 약 2,000유로부터는 만족도가 크게 상승하지 않는다는 사실을 확인했는데, 여러분이 여기에 해당하지 않는다면 나로선 상관성을 판단할 수 없다.

　둘째, 인과관계를 잘 따져봐야 한다. 재차 강조했듯 A와 B가 동시에 나타난다고 해서 무조건 A가 B의 원인인 건 아니다. 겨울에 따뜻한 양말을 신고 크리스마스에 선물을 주고받는다고 해서 따뜻한 양말이 크리스마스의 필요조건인 건 아니다. 여기서도 마찬가지다. 가령 발코니가 있는 집에 살면 만족도가 더 높아진다고 해서 발코니가 만족도 상승의 직접적인 조건이라는 의미는 아니다. 발코니가 있는 집이 공원 근처에 많다 보니, 발코니 때문이라기보다 공원 인근에 거주할 가능성이 커서 만족도가 높아진 것일 수도 있다. 이 경우 표본을 무작위로 추출해 집에 발코니를 새로 지어주고 발코니 없이 살던 때와 만족도를 비교하는 것이 이상적이다. 사회학에서는 이를 '처치(treatment)'라고 부르는데, 이는 인과적 영향을 규명할 수 있도록 특정한 실험 조건을 가하는 것을 말한다. 발코니가 무작위로 모집단에 배정되면 이렇게 처치가 가해진 실험 집단을 통해 발코니와 만족도 간의 인과관계를 밝힐 수 있을 뿐만 아니라 발코니의 실제 효과에 방해가 되는 변수는 전혀 없음을 확신할 수 있다.

그런데 이런 실험은 비실용적일 때가 많다. 만족도를 측정하겠답시고 수백 명에게 발코니를 지어준다거나 일부러 질병을 전염시킨다거나 배우자를 살해할 수는 없는 노릇이기 때문이다. 이 과정을 실제로 겪은 사람들의 만족도를 측정하는 것이 대개는 유일한 방법이지만, 만족도를 높여주는 동기가 무엇인지 분명히 밝힐 수 없다는 점에서 이는 차선책으로 볼 수 있다. 이러한 문제점을 보완하기 위해 나는 연령·설문조사 유형·설문조사 빈도는 변수에서 제외했는데, 설문조사에 드문드문 응하거나 직접 만나 응답할 경우 자신의 만족도를 실제보다 더 높게 평가할 가능성이 있기 때문이다. 대부분의 경우 소득 변화를 제외하는 것도 중요하다. 가령 더 넓은 집이 더 많은 연봉과 상관성이 없다 하더라도 변수를 고려해야 더 넓은 집이 만족도에 끼친 영향을 제대로 비교할 수 있다. 이처럼 결과와 관계가 있으리라고 추정되는 요소들은 제외해야 마땅하지만, 가령 발코니가 있는 집에 사는 사람들이 실제로는 공원 근처에 사는지 어떤지 모르는 경우처럼 변수가 누락될 때도 있다. 여러분도 각 결과들이 타당성이 있는지 내가 간과한 변수는 없는지 의구심을 가질지도 모른다. 나는 이런 잠재적 교란변수들도 함께 제시했다.

이처럼 인과관계가 문제인 경우도 있긴 하지만, 적어도 이 데이터는 누가 어떤 상황에서 만족감을 느끼는지를 그 어느 문헌보다 정확하게 보여준다. 그렇다면 우리는 '왜' 만족감을 느끼는 걸까? 어떤 조건이 갖춰졌을 때 만족도가 높아지는 정확한 '이유'를 인과관계를 근거로 추측할 수 있을 뿐, 그 이유를 정확히 밝혀내지 못할 수도 있다. 하지만 만족도가 언제 높아지는지를 알아두면 여러모로 유용하다. 가령 소득이 특정 한도를 넘어서면 만족도가 높아지지 않는다는 사실을 알면 그 '이유'는 잘 모르더라도 삶을 설계하는 데 도움이 된다. 또 발코니가 있는 집이 만족도를 높여준다는 결과를 보고 자신도 집에 발코니를 설치하면 만족감이 높아지리라고 생각하게 된다. 이 결과는 여러분이 결정을 내릴 때 참고하는 용도로 활용하면 그만이다. 무엇이 어떤 이유로 만족도를 높이는지 정확히 알아야 할 필요는 없다는 얘기다. 이는 많은 약을 복용하는 경우와 다르지 않다. 우리는 약이 정확히 어떤 효과를 일으키고 그 효과가 일어나는 이유가 무엇인지는 낱낱이 알지도 못할뿐더러 질병과 통증을 견디게 해주는 이상 꼬치꼬치 알아야 할 필요도 없다.

물론 이 결과가 믿을 만한지는 다른 얘기다. 학자로서 한 가지 불편한 사실을 알려주자면, 나는 앞서 살펴본 결과들이 장차 다른 연구를 통해 수정될 가능성이 없다고 장담하지 못한다. 하지만 지금까지 축적된 데이터와 방법론을 활용해 이 같은 결과를 도출했고 기존 연구와도 비교·분석하는 과정을 거쳤다. 또한 유물이나 다름없는 1980~1990년대 데이터도 광범위하게 제외했다. 나는 그 이후 데이터로 모든 결과를 다시 검증했고 그 과정에서 만족도와 불만족도를 높이는 요인은 대개 오늘날까지 거의 변함이 없다는 사실도 알게 됐다. 이는 또한 그 결과들이 10~20년 후에는 지금과 달라질 것이라는 사실에 반하기도 한다.

중요한 건 미래에는 만족도를 높이는 요인이 과연 오늘날과 다를지, 미래의 과학자들은 이 연구를 한층 더 발전시켜 더 나은 결과를 도출해낼 수 있을지다. 학문은 기존 가정의 확실성을 무너뜨리고 또다시 새로운 가정을 세우는 방식으로 통찰을 이끌어낸다. 가령 이 데이터도 한동안은 남성이 결혼을 하면 소득이 높아진다는 사실을 보여주는 듯했다. 하지만 실은 결혼 적령기의 여성들이 그만한 비전이 있는 사람을 택했기 때문이었다. 여성이 현재 소득이 크게 오르고 있는 남성을 선택한다는 말이다. 이 남성들은 굳이 결혼을 하지 않았어도 어차피 소득이 높아질 터였다. 데이터는 남성들이 결혼을 하면서 소득이 높아진다는 결과를 보여주지만 실제로는 남성들이 결혼을 하지 않았어도 어차피 소득이 계속 증가했을 텐데 우연히 결혼이라는 요인이 개입해 이런 결과가 나타난 것이다.[1] 이러한 혁신적인 관점은 가정의 확실성을 무너뜨린다. 이런 과정이 없다면 지식이 발전할 수 없다. 이 책에 실린 내용 역시 굳건한 통념과 여러분의 관점, 나의 견해를 무너뜨리고 기존 연구 결과와 부분적으로 배치되기도 한다. 하지만 이 역시 훗날 연구를 통해 또다시 수정될지도 모른다.

그런 까닭에 여러분도 이 책을 읽으면서 무조건 수용하기보다는 신중하게 판단하길 바란다. 여러분의 견해와는 무관하게 만족도를 객관적인 관점으로 이해하는 것도 해가 될 건 없다. 어쨌거나 한 가지 관점을 고집하는 것보다 두 가지 관점을 절충하는 편이 더 나은 법이다. 내 경우 예전에는 자녀가 없는 것에 가책을 느꼈지만 자녀가 생기면 만족도가 거의 높아지지 않는다는 데이터 결과를 보고 마음 놓고 인생을 즐길 수 있게 됐다. 또 더 넓은 집에서 살아도 만족도가 그리 높아지지 않는다는 결과를 보고 여전히 더 넓은 집을 찾고 있는 친구들과는 달리 더는 넓은 집 장만에 신경 쓰지 않는다. 돈이 만족도를 보장하지 않는다는 사실을 알게 된 후로 물질적인 풍요에도 시들해졌다. 신형 스마트폰 같은 상품에는 돈을 덜 쓰되 기술자나 청소 도우미를 고용하는 데는 돈을 더 써서 그렇게 번 시간에 일을 더 하거나 친구를 만난다. 나는 만족도 관점에서 보면 여전히 최선이랄 수 없는 결정을 내린다. 그렇다고 그게 꼭 나쁜 건 아니다. 어떻게 해야 건강해지는지 안다고 해서 무조건 건강한 음식만 먹고 살 순 없듯, 만족도를 높여준다는 결과만 믿고 철저하게 이 데이터에 따라 행동을 계산하는 것도 말이 안 된다. 하지만 적어도 더 많은 정보를 바탕으로 결정을 내릴 수는 있게 됐다. 비록 만족도를 보장하는 결과가 나타나지 않는다 해도 말이다. 여러분에게도 부디 행운이 함께하기를!

11장

만족감을 높이는
궁극의 방법

지금까지 만족도를 높여줄 것이라고 대부분의 사람들이 기대하는 요인들이 실제로는 만족도를 높여주지 않는다는 사실을 여러 차례 확인했다. 가령 대부분은 자녀가 있어야 성공한 인생이라고 생각 하지만 데이터에 따르면 이를 뒷받침하는 근거는 없다. 긴 수면 시 간이 성공적인 인생을 보장한다고 얘기하는 사람도 이제 입을 다 물 것이다. 그렇다면 만족도를 높여주는 요인은 정녕 없는 것일까? 이 수많은 결과들을 어떻게 해석해야 할까? 거창한 이념들은 만족 도를 높일 방법을 알려줄까?

행복학 교수인 폴 돌란(Paul Dolan)은 우리가 실제로는 우리를 행 복하게 해주지 않는데도 그렇다고 믿도록 기만하는 거창한 이념을 좇다가 함정에 빠져든다고 말한다.[1] 만족도를 높이는 방법이 있다 고 약속하는 훌륭한 이념들도 있다. 여기서는 자본주의와 불교라 는 상반된 이념과 만족도는 노력으로 바꿀 수 없다는 주장을 예로 들어 이를 살펴보려 한다.

자본주의는 가난한 사람에게 이롭다

자본주의의 핵심은 더 많이 소유할수록 더 좋다는 것이다. 데이터에 따르면 이는 사실이긴 하지만 어디까지나 구매력이 허용하는 수준까지만 그렇다. 매달 약 2,000유로의 일정 소득을 번다면 액수가 그보다 더 오르더라도 만족도는 서서히 증가할 뿐이다. 그러니 부자가 되는 것보다 어느 정도 넉넉한 수준을 목표로 삼는 게 더 합리적이다. 더 넓은 집도 마찬가지다. 집은 중요하지만 크기는 그다지 중요하지 않다. 멋진 인생을 상상해보라고 하면 대개 많은 돈이나 넓은 집을 떠올리지만, 사실 이러한 부유함의 지표는 만족도와 거의 관련이 없다. 그런 의미에서 빈곤이 불행을 가져오고 부가 만족을 가져온다는 자본주의의 이념은 틀렸다. 자본주의는 가난한 사람들의 만족도만 높인다. 일단 형편이 나아지면 필요 이상의 물질적인 풍요는 만족도를 높여주지 않는다.

불교는 고통을 감내하는 사람에게 이롭다

대다수가 자본주의의 대안으로 생각하는 두 번째 이념이 바로 불교 사상이다. 불교의 가르침에 따르면 더 많이 소유하는 것은 무의미하다. 소유에 대한 집착은 무한하지만 결국 모든 것은 무상(無常)하기 때문이다. 그래서 불교에서는 인간은 굶주린 개가 뼈를 쫓

아다니듯 만족할 줄 모른다고 말한다. 뼈를 간신히 낚아채면 곧 더 많은 뼈를 원한다는 것이다. 불교는 여기서 더 나아가 쾌락을 좇는 것은 무용하며, 악재를 피하려는 것도 무의미하다고 말한다. 살면서 부정적인 감정을 절대 몰아낼 수 없기 때문이다. 부정적인 감정에서 항상 도망치려고 한다면 인생 자체가 도피처럼 느껴질 것이다.

우리는 마치 동물처럼 본능적으로 긍정적인 자극을 좇거나 부정적인 자극을 멀리하려 한다. 하지만 인간에게는 동물과는 다른 장점이 있다. 바로 인식과 판단을 구분한다는 점이다. 불교에서 세상을 편견 없이 순수한 시각으로 바라보고 가치 판단에서 자유로워지라고 말하는 이유도 그 때문이다. 그러면 자신에게 일어난 일을 그대로 인식하면서도 무심하게 여길 수 있고 선을 좇고 악에서 도망치려는 마음에서 벗어날 것이다. 우리는 행복과 고통이 찰나의 사소한 감정 상태에 불과하다는 것을 깨닫게 되고 이러한 통찰은 불교 사상이 진정한 지혜임을 가르쳐준다.

만족도 데이터에 따르면 불교 사상은 얼마나 합리적일까? 불교는 실로 엄청난 통찰력을 제공한다. 인간은 거의 모든 것, 즉 좋은 것과 나쁜 것에 익숙해진다. 결혼 후 몇 년이 지나면 이전보다 만족도가 떨어지는 것이 사실이다. 얼마간 시간이 흐르면 반려자의 죽음을 극복할 수 있다는 것도 사실이다. 그리고 감정적 반응은 불만족도를 높인다. 인간은 자신이 처한 환경에 점차 익숙해지며, 감정적인 반응 자체를 해롭게 여긴다는 점에서 불교는 옳았다.

하지만 결혼 후 수년 동안 만족도가 높아지거나 사랑하는 이의 죽음 이후 수년간 만족도가 떨어진다는 사실을 대수롭지 않게 여기는 건 옳지 않다. 지금 현실이 고통인데 시간이 흐르면 다 지나갈 거라는 사실을 안다고 한들 무슨 소용이 있겠는가? 내가 매일같이 베개에 얼굴을 파묻고 울면서 7년을 보낸다면 인생의 10퍼센트를 차지하는 2,500일 동안 불행한 나날들을 보내는 셈인데 언젠가는 울지 않는 날이 올 거라고, 다 지나갈 거라고 얘기해봤자 별 위로가 되지 않는다. 인간이 모든 것에 완전히 적응하는 것은 아니라는 점에서도 틀렸다. 고통과 노년, 질병에는 결코 익숙해지지 않기 때문이다.

고통, 노년, 질병, 사랑하는 이의 죽음에 대해 거의 아무것도 할 수 없었던 시대에는 불교가 위대한 종교였다. 불교에 따르면 이런 상황에서조차 삶은 계속되기 때문이다. 삶에 대한 만족도가 늘 10점 만점에 10점이길 바라는 것은 비현실적이라는 점에서도 불교는 옳다. 고통도 삶의 일부라는 사실에 익숙해지는 게 차라리 현명하다. 몸에 행복 호르몬을 주입시켜 항상 행복을 느끼면서 여러분이 멋진 환상의 세계에서 살아갈 수 있도록 해주는 기계가 있다고 치자. 정녕 그런 꿈같은 세계에서 살고 싶은가? 대다수는 영원한 행복의 세계가 아닌 고통과 슬픔이 존재하는 세상에서 살기를 원할 것이다. 불교는 영원히 행복할 수는 없으며 늘 행복하지 않아도 괜찮다고 겸허히 수용하는 자세를 가르쳐준다.

하지만 데이터는 평정심을 유지하며 사는 것 자체가 합리적이지 않으며 사회 참여적 자세가 이점이 많다는 것을 보여주기도 한다. 그렇지 않다면 사회적 교류와 사회 참여, 긴 노동시간이 만족도를 높여줄 리가 없다.[2] 결혼 이후 만족도가 떨어진다는 사실을 알게 됐으니 결혼을 취소해야 할까? 아니다. 결혼 후 만족도는 수년간 높아진다. 고통 없는 삶은 불가능하다는 사실을 명심하되 부정적인 것은 피하라. 성가신 두통을 흔한 약으로 잠재울 수 있는데도 고통이 인생의 일부라는 이유로 참고 살 이유는 없다. 불교는 훨씬 더 높은 경지의 평정심을 요구한다. 하지만 늘 행복할 수는 없다는 불교의 가르침은 마음에 새겨둘 필요가 있다.

만족을 구하려 하면 오히려 얻지 못한다

만족감과 관련된 또 다른 이념은 심리학에서 비롯됐고 불교에서 영감을 받았다. 이 이념은 만족도를 높이려고 노력하면 오히려 만족도가 떨어진다고 경고한다.[3]

이 주장에는 3가지 진실과 2가지 거짓이 있다. 첫 번째 진실은 똑같은 쾌락이 반복되면 만족도는 그리 높아지지 않는다는 점이다. 데이터 역시 쾌락이 최대로 증가해도 만족도는 그다지 높아지지 않는다는 사실을 보여준다. 술을 마시면 기분이 더 좋아지는 건 사실이다. 하지만 매일 마신다면 얘기가 달라진다. 친구를 자주 만나는 사람도 만족도가 높다. 하지만 데이터에 따르면 한 달에 한

번 보는 걸로도 족하다. 이는 더 많다고 해서 항상 더 좋은 것은 아니닌, 한계효용체감의 법칙 때문이다. 쾌락 추구가 실제로는 만족도를 높이지 않는 두 번째 이유는 기억만 남고 쾌락은 사라지기 때문이다. 기억은 더 많은 쾌락을 원한다. 이 점에서는 불교가 옳았다. 여타 연구에서 강조하듯 쾌락주의는 만족도를 높여주는 데 효과적인 전략이 아니다.[4] 세 번째 진실은 만족에 대한 집착이 불만족도 삶의 일부임을 망각하게 만든다는 점이다. 인간의 뇌는 항상 만족감을 느끼도록 설계돼 있지 않다. 그렇지 않다면 술 한 잔 더 하자는 제안을 거부하거나 편안한 의자에서 일어서거나 숙취에 시달리는 이유를 설명할 수 없을 것이다. 그런 점에서 소위 행복에 이르는 길은 결코 행복에 다다르게 하지 못한다는 말이 옳다.

한편 만족을 추구하는 것이 불만족을 가져온다는 주장은 2가지 점에서 틀렸다. 첫째, 데이터에 따르면 만족을 쾌락으로 해석하지 않는 한 만족을 추구하는 전략은 효과가 있다. 한 조사에서는 만족도를 높이는 전략을 쓸 경우 대체로 만족도가 높아지지도 떨어지지도 않는다는 점이 밝혀졌다. 이는 적어도 적극적으로 만족도를 높이려 하면 불만족도가 더 높아진다는 주장과 배치된다. 더 흥미진진한 결과도 있다. 타인을 돕거나 타인과 교류하는 사회적 전략으로 만족도를 높이려고 한 사람들은 실제로 만족도가 높아졌고, 그렇지 않은 경우 만족도가 높아지지 않았다.[5] 다시 말해 그저 쾌락만 추구할 경우 한계효용까지만 만족도가 높아지고 습관화를 불러온다. 그렇다고 해서 다른 전략들도 만족도에 아무 소용이 없다는 건 아니다. 특히 남성의 경우 긴 노동 시간과 사회적 접촉은 만족도를 높인다. 행복에 이르는 최선의 방편은 더 많은 쾌락을 추구하는 것이 아니라 사회 참여와 흥미를 유발하는 활동을 통한 몰입이다. 할 때만 즐거움을 느끼는 활동이 아니라 하고 나서 "하길 잘했네"라고 말하게 되는 활동 말이다.

둘째, 한계효용 감소와 습관화가 일어나는 한 쾌락 추구 자체가 나쁘다고 볼 순 없다. 데이터도 술을 더 마시고 친구를 자주 만나고 돈이 더 많으면 만족도가 더 높아지지만 '많으면 많을수록 좋다'는 격언이 항상 들어맞는 건 아니라는 사실을 보여준다. 그런 의미에서 우리는 평정심을 유지해야 한다. 어떤 쾌락이든 더 많이 얻으려 할수록 하나같이 만족도를 떨어뜨린다는 사실을 깨달아야 한다. 한계효용 감소와 습관화를 경험하고 싶지 않다면 다양한 쾌락을 추구하는 게 낫다. 쾌락 추구에도 의미가 없다면 공허할 뿐이다. 동시에 그저 행복이라는 감정만 느끼면서 살 수는 없다는 것도 깨달아야 한다. 그런 삶은 지루할 게 뻔하다. 이를 명심한다면 긍정 심리학이 입증했듯 만족을 적극적으로 추구하는 것은 분명 효과가 있을 것이다.[6]

1장

1 Gilbert 2006

2 https://urldefense.proofpoint.com/v2/url?u=https-3A__drive.google.
   com_drive_folders_1HiFG8u8ypHYpNBU-2D6Y5WFhgZj1hNgoQO-
   3Fusp-3Dsharing&d=DwID-g&c=vo2ie5TPcLdcgWuLVH4y8l
   sbGPqIayH3XbK3gK82Oco&r=cLgkHli7KSJz6XVT4uthQ83sD
   2c5hx99yano7blTmm8&m=h-nRZ2oUXKkU2g3FRt22lUj9bA_
   TXw6rfIEGKbklBLg&s=XsUERK5oYvSrP1-SPr1K2ajwOI8QDqoHau
   QWhC6EOu4&e=

3 기술적으로 봤을 때, 신뢰구간은 동일 인구에서 똑같이 큰 무작위 추출 표본을
   조사하는 경우의 95퍼센트에서 평균 추정 결과가 있을 어떤 범위를 추정한다.

4 Vgl. Veenhoven 2008: 58

5 Vgl. Diener/Inglehart/Tay 2013: 499, vgl. ebenso die Literatur auf Seite
   503 f. und die Zusammenfassung auf Seite 521 f.; vgl. ebenfalls Easterlin
   2003: 1176; Diener/Lucas/Oishi 2018: 4 ff.; Kahneman/Krueger 2006: 9

6 Vgl. dazu Ferrer-i-Carbonell/Frijters 2004; Ferrer-i-Carbonell/Ramos
   2014: 1018; Bartolini/Bilancini/Sarracino 2013: 173

7 Lelord 2004: 80

8 Schroder 2018 d: 178

9 Diener et al. 2014: 3 ff.

10 Lykken/Tellegen 1996

11 Haidt 2006: 32

12 Brickman/Coates/Janoff-Bulman 1978

13 Lykken/Tellegen 1996: 189

14 Rayo/Becker 2007: 327 f.

15 Headey/Muffels 2018: 839

16 Headey/Muffels 2018: 847, 850 f

17 Oswald/Powdthavee 2008: 1072; Lucas et al. 2004: 11; Headey/Muffels
    2018: 862

18 Seligman 2017 [2002]; vgl. auch den Literaturüberblick in Diener/Lucas/
    Oishi 2018; vgl. ebenfalls die Herangehensweisen in Lyubomirsky 2018

19 Fujita/Diener 2005: 161; Headey/Muffels/Wagner 2013; für den
    neuen Stand der Wissenschaft vgl. die Zusammenfassung des
    Literaturüberblicks in Yap/Anusic/Lucas 2014: 141 f.; Headey/Muffels/
    Wagner 2010: 17924 ff.

20 Røysamb/Nes/Vitters 2014: 10, 19; Yap/Anusic/Lucas 2014: 132; Headey/
    Muffels 2018: 849

2장

1 모두 실화다.

2 Nelson et al. 2013: 3; Kohler/Behrman/Skytthe 2005: 436 f. für den
   Unterschied zwischen dem ersten und weiteren Kindern. Myrskylä/
   Margolis 2014: 1861 für das Argument, dass Menschen weniger Kinder
   kriegen, weil diese kaum zufriedener machen.

3 Fischbach 2018: 68

4 Myrskylä/Margolis 2014: 1855; vgl. ebenso Clark et al. 2008: F234 ff.;
   Pollmann-Schult 2013: 61, 74; Agache et al. 2014: 273; Nelson et al. 2013: 4,
   8 f.; Schmiedeberg/Schröder 2017: 147; Clark et al. 2018: 85

5 Pollmann-Schult 2011: 414 f.

6 Donath 2016

7   Le Moglie/Mencarini/Rapallini 2019: 944 ff.

8   Kahneman et al. 2004: 1775

9   Hansen 2012: 31 ff., zur Situation Kinderloser: 46 ff., zur kognitiven Dissonanz Kinderloser: 49 f

10 Zu ähnlichen Ergebnissen kommt übrigens auch weitere Forschung, bspw. Pollmann-Schult 2014; vgl. auch den Literaturüberblick in Dolan/Peasgood/White 2008.

11 Musick/Meier/Flood 2016: 1085, 1087; Raley/Bianchi/Wang 2012: 1450; Roeters/Gracia 2016: 2477

12 Hochschild/Machung 2012 [1989]: 45

13 Auspurg/Iacovou/Nicoletti 2017: 134; Carlson/Miller/Sassler 2018: 12 f.

14 Beck 1986: 171

15 Akerlof/Kranton 2005; Akerlof/Kranton 2010

16 Akerlof/Kranton 2000: 747; Akerlof/Kranton 2010: 93; Kornrich/Brines/Leupp 2013; Bertrand/Kamenica/Pan 2015; Bittman et al. 2003: 202

17 Spiegel 34/2012; https://www.welt.de/kmpkt/article163274934/Das-istdas-beste-Alter-um-Mutter-zu-werden.html

18 Nelson et al. 2013: 5; Mirowsky/Ross 2002: 1289 ff.; Myrskylä/Margolis2014: 1856, 1861

19 대부분 결과들이 통계적으로 큰 의미는 없는데, 극소수의 응답자들만 본인의 임신이 계획된 것인지 아닌지를 알고 있기 때문일 수 있다. 전체적인 계산은 4만 6,000명 이상의 데이터를 활용할 수 있지만, 임신이 계획된 것인지 아닌지를 포함하면 3,700명에 대해서만 계산이 가능하다. 따라서 과거의 임신이 종종 의도치 않게 이뤄진 경우가 있기 때문에, 과거의 임신이 불만족도를 높이는 경향이 있다고 확언할 수는 없다.

20 Myrskylä/Barclay/Goisis 2017: 770; Barclay/Myrskylä 2016: 86 ff.; Goisis/Schneider/Myrskylä 2017

21 Lyubomirsky/King/Diener 2005: 834

22 Johnson/Krahn/Galambos 2017: 639

23 Kohler/Behrman/Skytthe 2005: 416

24   Verbakel 2012: 228 f.; Dush/Amato 2005: 622 ff.; Stutzer/Frey 2006: 328

25   Kposowa 2003: 993

26   Lucas et al. 2003: 537

27   Diener/Lucas/Oishi 2018: 8

28   Stutzer/Frey 2006: 340; Clark et al. 2018: 82

29   Vgl. auch die dokumentierten Effekte in Easterlin 2003: 11178 f.

30   Seligman 2017 [2002]: 188

31   Luhmann et al. 2012: 604 ff., 611; vgl. für die Effekte und Gewöhung an Heirat, Scheidung und den Tod des Partners ebenfalls Stutzer/Frey 2006: 340; Lucas 2007; Odermatt/Stutzer 2018: 256, 266, 278; Clark et al. 2018: 80 ff.

32   Luhmann et al. 2012: 607

33   Leopold/Lechner 2015: 75 ff.

34   Clark et al. 2008: F234 f.; Odermatt/Stutzer 2018: 256; Dolan/Peasgood/White 2008: 107

35   이 요인은 제외해야 한다. 왜냐하면 어떤 사람들은 나이가 들어서 부모나 조부모가 없을 수도 있고, 그들을 불만족스럽게 하는 것은 친척의 부재가 아닌 나이 때문일 수도 있다. 또 어떤 사람들은 가족 구성원이 아프거나 일찍 사망했을 수도 있다. 따라서 나는 건강 상태가 동일한 사람들만 비교하고, 그럼에도 논의가 되고 있는 결과들을 제시하고 있다.

36   Kohler/Behrman/Skytthe 2005: 435; vgl. auch den Literaturüberblick in Hansen 2012: 38; Pollmann-Schult 2011

37   Pollmann-Schult 2011: 415

38   Vgl. dazu Lyubomirsky/King/Diener 2005; Koropeckyj-Cox 2002; Polenick et al. 2016; Merz et al. 2009

39   Arpino/Bordone/Balbo 2018: 261 f.; vgl. auch die Literatur in Hansen 2012: 43

40   Mahne/Huxhold 2014: 788 f.

3장

1   Easterlin 2003: 11180 f.

2   Dunn/Aknin/Norton 2008: 1688

3   Nach der alten OECD-Skala, die auch als 《Oxford scale》bekannt ist.

4   Jebb et al. 2018: 34에서는 서유럽에서 만족도를 더는 상승시키지 않는 한
    도를 환산하면 세전 약 10만 달러다. 30퍼센트의 세율을 공제하고 환율 1유
    로 대 1.2달러로 환산하면 매월 1인당 약 5,000유로 미만에 해당한다. 반면에
    Kahneman/Deaton 2010: 16491에서는 미국의 총 가계 소득을 7만 5,000달
    러로 잡는데, 이는 동일 매개변수를 사용하는 총 가계 소득의 약 3,600유로(약
    511만 원)에 해당한다.

5   거듭 말하지만 여기서는 직장 생활을 일찍 시작했거나 늦게 시작한 집단만 비
    교한다. 물론 두 집단이 다른 측면에서 차이가 날 가능성도 있다. 예를 들어, 학
    자들은 직업을 갖기 전에도 만족도가 높을 수도 있고, 그런 경우 만족은 훗날의
    직장 생활 시작이 아니라 대학 학업에 있을 것이다. 나는 학력은 동일하나 직장
    생활 시작이 다른 사람들만 고려했는데, 대학 학업을 마친 사람들이 만족도가
    더 높을 것이기 때문이다. 그렇게 하지 않았다면, 결과가 더 명확했을 것이다.
    따라서 첫 풀타임 직업을 나중에 시작하는 것이 더 만족스럽다. 그러면 대학 학
    업을 마쳤을 가능성이 더 크기 때문이다.

6   Solnick/Hemenway 1998: 378

7   Clark et al. 2018: 45 f.

8   Easterlin 2003; Easterlin 2013

9   Helliwell/Layard/Sachs 2019: 24 ff.

10 Stouffer et al. 1949; Runciman 1966

11 Salland 2018: 1439; vgl. ähnliche Ergebnisse mit amerikanischen Daten:
    Bertrand/Kamenica/Pan 2015: 601

12 Beck 1986: 169 ff.

13 Kornrich/Brines/Leupp 2013

14 Für Dating-Websites siehe Ong 2016: 1828; siehe dazu auch https://
    www.tobii.com/group/news-media/press-releases/how-to-catch-

yourvalentines-eye-online-dating-eye-tracking-study-reveals-that-men-lookwomen-read/; für Kontaktanzeigen siehe Wiederman 1993: 341. Für das datenbasierte Argument, dass Frauen seltener heiraten, wenn es weniger Männer gibt, die mehr als sie verdienen, vgl. Bertrand/Kamenica/Pan 2015: 572 ff., 590.

15 나는 상속 유산이 아닌 공짜 현금과 상금만 평가했다. 향후 만족도가 하락한다면 그 원인이 사랑하는 사람의 사망일 수도 있기 때문이다.

16 SOEP는 2,500유로(약 355만 원) 미만의 예상치 못한 금액을 동일하게 처리하므로 나는 이것을 기본 범주로 삼는다.

17 Lindqvist/Östling/Cesarini 2018: 29 ff.; vgl. ebenso die relativ schwachen Ergebnisse von maximal 0,02 Punkten Lebenszufriedenheit mehr auf einer Skala von 0-7 für jede Skalenerhöhung eines logarithmierten Lottogewinns in Apouey/Clark 2015: 530.

18 Brickman/Coates/Janoff-Bulman 1978

19 Dunn/Aknin/Norton 2008: 53

20 Headey/Muffels/Wooden 2008: 73, 81

21 Csikszentmihályi 1990

22 Pollmann-Schult 2013: 74; Stutzer/Frey 2006: 339

23 Schröder 2018 b

24 Becker 1991 [1981]; Bertrand/Kamenica/Pan 2015: 594 ff., 608

25 Seligman 2017 [2002]: für positiven und negativen Affekt: 57 ff., für Flow: 115 ff.

26 Clark et al. 2008: F234F; für die Nichtgewöhnung an Arbeitslosigkeit, siehe auch Lucas 2007: 77; Lucas et al. 2004; Clark et al. 2018: 64 f.

27 Ähnliche Ergebnisse zeigt auch der Bericht zur Bildung in Deutschland 2018, vgl. Autorengruppe Bildungsberichterstattung 2018: 227.

28 Clark et al. 2018: 53 ff.; Diener/Lucas/Oishi 2018: 12; vgl. auch den Literaturüberblick in Dolan/Peasgood/White 2008: 99; Easterlin 2003; Easterlin 2013

29 Guven 2012: 712 f.

30   Chadi 2010: 317; Lucas 1978: 354

31   Lucas et al. 2004

32   Rätzel 2012: 1160

33   Crost 2016

34   Kassenboehmer/Haisken-DeNew 2009; Hajek 2013: 6; Chadi 2010: 322f.

35   https://www.sueddeutsche.de/panorama/gluecksatlas-eine-nation-
     gefrusteter-pendler-1.4166739; https://www.wiwo.de/erfolg/beruf/
     arbeitsweg-pendler-betruegen-sich-selbst/20560038.html; https://
     www.faz.net/aktuell/gesellschaft/gesundheit/taegliches-pendeln-zur-
     arbeit-gefaehrdetdie-gesundheit-13698053.html

36   Kahneman et al. 2004: 1777; Stutzer/Frey 2007: 5; Stutzer/Frey 2008: 348;
     Autor 2011: 239

37   Für den Effekt bis 80 km vgl. Ingenfeld/Wolbring/Bless 2018: 15; vgl. für
     eine schwache lineare Effektstärke Pfaff 2014: 124

4장

1   Jahoda/Lazarsfeld/Zeisel 1933 [1975]

2   Sharif/Mogilner/Hershfield 2018

3   Schulz et al. 2018: 1148

4   Whillans et al. 2017: 2 ff.

5   Nawijn/Veenhoven 2011: 46 f.; Schmiedeberg/Schröder 2017: 147; de
     Bloom et al. 2010: 210 f.; de Bloom/Geurts/Kompier 2013: 624

6   de Bloom et al. 2017: 580 ff.

7   Durkheim 1897

8   Mac Carron/Kaski/Dunbar 2016: 153; vgl. ebenfalls Dunbar 1993;
     Dunbar 1995

9   Schmiedeberg/Schröder 2017: 147; Helliwell/Huang 2013: 16; Caunt et
     al. 2013

10   친구들을 자주 만나지 않는 사람들은 더 자주 아프고 그 때문에 불만족도가 높

은 건 아닐까? 하지만 건강에 아무런 변화가 없는 경우에도 결과는 거의 변함이 없다. 그렇다면 그 반대는 아닐까? 친구를 더 자주 만나는 사람이 만족도가 더 높은 게 아니라 만족도가 더 높은 사람이 친구를 더 자주 만나는 게 아닐까? 이 역시 설득력이 없다. 작년의 만족도와는 무관하게 올해 친구를 더 자주 만나면 만족도가 더 높아지기 때문이다. 사실 둘 다 틀린 말은 아니다. 이전에 만족도가 더 높았던 사람은 바로 그 때문에 현재 친구를 더 자주 만난다.

11 Caunt et al. 2013: 486; Carmichael/Reis/Duberstein 2015: 99

12 Vgl. Diener et al. 2017: 88

13 Li/Kanazawa 2016: 680

14 Schmiedeberg/Schröder 2017: 147; Li/Kanazawa 2016: 679

15 Marshall/Lefringhausen/Ferenczi 2015: 38 f.

16 Headey et al. 2010: 74

17 Lyubomirsky/King/Diener 2005: 840; Pirralha 2018: 803; Dolan/
    Peasgood/White 2008: 103 f.

18 Jiang et al. 2019; Binder 2015; Haidt 2006: 174 f.

19 Rohrer et al. 2018: 1294 ff.

20 Piper 2016: 312 ff.; Zhi et al. 2016: 216

21 Maccagnan/Taylor/White 2019; Skogen et al. 2009; Gibson et al. 2016;
    Velten et al. 2014: 7

22 Zullig et al. 2001; Fergusson/Boden 2008

23 Petilliot 2018

24 Velten et al. 2014: 7

25 Vgl. die Ergebnisse in Frey/Meier 2008; Reuband 2013

5장

1 Rahlf 2015: Variable x0883

2 Foye 2017: 439; Dolan 2019: Part One, Kapitel 1 Wealthy

3 Gordo et al. 2019: 471; siehe auch https://www.boeckler.
   de/106575_110740.html

4   Felbermayr/Battisti/Suchta 2017

5   Wulfgramm 2011: 491, 496; Alber/Heisig 2011

6   Petrunyk/Pfeifer 2016: 219, 238; Priem/Schupp 2015: 66

7   Priem/Schupp 2015: 71

8   Vgl. die unklaren Ergebnisse in Berry/Okulicz-Kozaryn 2009; Lenzi/
    Perucca 2018; für Ergebnisse, die zeigen, dass in der EU Landbewohner
    zufrieden sind, die jedoch nicht den Effekt eines Umzugs testen, vgl. S
    rensen 2014.

9   Li/Kanazawa 2016: 683

6장

1   Brenke/Kritikos 2017: 603; Schröder 2018 a: 12

2   Felbermayr/Battisti/Suchta 2017: 26. 일각에서는 좌파당, 독일대안당, 극우
    정당 지지자들이 대개 구동독에 거주하기 때문에 불만족도가 높다고 말한다. 구
    동독 사람들이 불만족도가 더 높고 극단 성향의 정당에 투표하는 경향이 있는
    것은 사실이다. 하지만 나는 동일한 연방주의 응답자들을 비교함으로써 이를 제
    외했다.

3   Banfield 1958; Putnam 1993; Putnam 2000

4   Anderson 206 [1983]: 6 f.

5   아니면 연관성이 왜곡된 건 아닐까? 특정 연방 주, 특정 연령, 특정 연도에 만족
    도가 더 높아지고 애국심도 더 투철해질 수는 있다. 가령 독일이 월드컵에서 우
    승하면 대다수가 애국심과 만족감이 더 높아진다. 그 때문에 나는 연령, 조사 연
    도, 연방 주를 고정했다. 또한 독일 시민권을 갖고 있어서 독일인임을 체감하고
    더 만족한다고 생각할 수도 있다. 하지만 시민권이 없을 경우에도 애국심이 강
    한 사람이 만족도도 더 높다. 애국심이 가난한 이들의 전유물인 것도 아니다. 중
    상류층도 애국심이 높으면 만족도가 높아진다.

6   가장 최근에 실시된 세계가치관조사와 그 직전에 이뤄진 조사에 참여한 모든
    국가의 데이터다. 만족도 수치가 매우 낮거나 중간치인 국가는 제외하되 가장
    중요하고 큰 변화를 보여준 국가를 살펴본다. SOEP와 달리 세계가치관조사의

만족도 척도는 0~10이 아닌 1~10이다. 하지만 0점을 택하는 사람은 거의 없으니 그 값은 이전과 같은 해석이 가능하다.

7 GDP-Daten von Heston/Summers/Aten 2012, Variable rgdpe geteilt durch pop. 모든 만족도 데이터의 출처는 '삶의 만족도'를 주제로 설문조사를 실시한 '세계가치관조사'다.

8 Easterlin 1974

9 Tella/MacCulloch 2010: 237

10 Stevenson/Wolfers 2013; Deaton 2008

11 이 데이터는 '세계가치관조사'에서 가져왔다. 이 값은 인구가중평균으로 질문은 다음과 같다. "귀하의 삶을 전반적으로 고려할 때 선택의 자유와 자기 삶에 대한 통제력은 어느 정도입니까?" 척도는 0~10점이다.

12 나는 이 그림 및 다른 그림에서 다른 국가와 너무 많이 겹치는 몇몇 나라는 제외해야 했다. 하지만 여기서만 보이는 데이터로 계산을 하더라도 계산은 여전히 들어맞는다.

13 Veenhoven 2010: 337; Helliwell et al. 2018: 8

14 Vgl. dazu Marshall/Gurr/Jaggers 2017 a; Marshall/Gurr/Jaggers 2017 b

15 이 계산은 국가, 연도, 국가 연도에서 계층적으로 개체를 군집화하지 않는 다층 모형 회귀분석으로 수행되었다. 지니계수는 소득의 불평등 정도를 나타내는 지표다. 지니계수가 1이면 소득 분포가 불평등해 모든 사람에게 동일한 액수가 돌아가도록 한 국가의 전체 소득을 재분배해야 한다는 것을 의미한다. 반면 지니계수가 0이면 소득 분포가 평등해 모든 사람에게 동일한 액수의 소득이 돌아간다는 것을 의미한다. 지니계수가 0.4라는 의미는 소득의 40퍼센트를 재분배해야 소득 분배가 평등해진다는 것을 의미한다.

16 Wilkinson/Pickett 2010

17 Beckfield 2004

18 Schröder 2016; Schröder 2018 c; Kelley/Evans 2017; Schneider 2015

19 Inglehart 2010: 366, 383 f.

20 Tay/Herian/Diener 2014

21 Oishi/Schimmack/Diener 2011; Flavin/Pacek/Radcliff 2014

22 Helliwell et al. 2010: 307; Veenhoven 2010: 345

23 기술적으로 봤을 때 이는 국가 수준에서 설명되는 분산이 개인 수준의 다층모형 회귀분석에서의 분산에 비해 상대적으로 작은 경우다.

7장

1 Easterlin 2003: 11177f.

2 Vgl. die Zusammenfassung in Diener/Lucas/Oishi 2018: 12

3 Vgl. den Literaturüberblick in Gwozdz/Sousa-Poza 2010: 399 und die unterschiedlichen Ergebnisse auf Seite 405 ff.; vgl. ebenso Schilling 2005

4 Trosclair et al. 2011; vgl. auch den Literaturüberblick in Ambrasat/Schupp/Wagner 2018: 2

5 Pinto/Neri 2013: 2455; vgl. auch hier wieder Trosclair et al. 2011; vgl. ebenfalls den Literaturüberblick in Ambrasat/Schupp/Wagner 2018: 2

6 Stulp et al. 2013: 163

7 Vgl. für diesen Absatz Stulp/Buunk/Pollet 2013: 881 f.

8 Murray/Schmitz 2011: 1218 ff., 1222, 1226

9 Judge/Cable 2004: 429 ff., 437 f.

10 Thomas/Thomas 1970 [1928]

11 나는 전체 응답자의 98퍼센트를 여기서 찾을 수 있기 때문에 이 영역을 선택했다. 나는 이른바 '브로카 변법'에 따라 표준 체중을 신장(센티미터)에서 100을 빼서 계산한다. 표준 체중과의 편차는 단순히 실제 체중에서 각 사람의 키에 기반한 표준 체중을 뺀 것이다. '크레프 공식'을 활용해도 그 결과는 아주 비슷하다.

12 Headey/Muffels/Wagner 2010: 17925; Blanchflower/van Landeghem/Oswald 2009: 536

13 Jackson/Beeken/Wardle 2015: 1110; Wadsworth/Pendergast 2014: 210 f.

14 여기서 유념해야 할 몇 가지 사항이 있다. 젊은 사람들은 날씬하고 동시에 만족도가 높을 가능성이 크다. 따라서 여느 때처럼 동일한 연령을 대상으로 한 조사 결과를 분석했다. 일부 연구에서는 안정적인 반려자 관계를 유지하는 사람들은 체중이 증가하고 만족도가 더 높다고 나타난다. 그러나 같은 상황에 있는 사람

들만 관찰한다 해도 그 결과는 동일하다. 그리고 이는 시대적 현상도 아니다. 왜냐하면 내가 지난 몇 년간만 살펴봐도 결과가 똑같이 나타나기 때문이다. 건강 상태가 일부 원인인 것도 사실이다. 무엇보다 과체중 여성은 본인이 건강하지 않다고 느끼기 때문에 불만족도가 더 높다. 반면에 남성은 체중이 40kg 초과해도 본인이 아프다고 느끼지 않는다면 만족해한다. 한 남성과 한 여성의 삶에는 다음과 같은 결과가 도출된다. 즉, 저체중이 아닌 과체중일 때, 특히 과체중임에도 불구하고 건강하다고 느끼는 해에 만족도가 가장 높다는 것이다.

15 White/Horwath/Conner 2013: 788

16 Obschon die statistische Signifikanz der Effekte des 》natürlichen Experiments《 schwach war, vgl. Mujcic/J Oswald 2016: 1506, 1509.

17 Schmiedeberg/Schröder 2017: 147; 여기서도 나이는 제외했다. 노인들은 불만족도가 높고 운동도 덜 할 가능성이 크기 때문이다.

18 Headey/Muffels 2018: 839

19 Brickman/Coates/Janoff-Bulman 1978

20 Pagán-Rodríguez 2012: 374; vgl. auch Braakmann 2014: 732 ff.

8장

1 Vgl. für den Effekt von Religion, der sich durch soziale Kontakte erklärt: Sinnewe/Kortt/Dollery 2015: 849, Modell II und IV; vgl. für die Abwesenheit von Gewöhnung Headey/Muffels/Wagner 2010: 17924; Headey et al. 2010: 78

2 Abdi et al. 2019

3 Durkheim 1897: 172 f.; vgl. aktueller zum Einfluss von religiöser Gemeinschaft auf Zufriedenheit Lim/Putnam 2010: 927

4 Durkheim 1995 [1912]: 424

5 Lechner/Leopold 2015: 170; Dolan/Peasgood/White 2008: 106

6 Lang et al. 2007: 184

7 Gonzalez-Mulé/Carter/Mount 2017: 153; Enkvist/Ekström/Elmståhl 2013: 851

8   Wolinsky et al. 2009: 470

9   Grözinger/Piper 2019: 275 f.; Daig et al. 2009: 673 ff.; Senik 2015: 27, 41 f.;
     Dolan/Peasgood/White 2008: 99

10   Bostwick et al. 2010: 473; Wardecker et al. 2019: 298

11   Kroh et al. 2017: 692 ff.

12   SOEP의 설문조사자는 응답자의 매력도를 1~7 척도로 평가했다. 최저 점수인
     6~7으로 평가한 사례는 없었으므로 최저에 해당하는 5~7을 5로 통합했다.

13   Seligman 2017 [2002]: 49

14   Hamermesh/Abrevaya 2013: 358를 참조할 것. 여기서는 남성과 여성의 삶
     의 만족도 표준편차가 0.17~0.29인 '이중 표준편차'의 외모에 관한 결과를 다룬
     다. 그런 점에서 표준편차는 이 결과의 절반, 그러니까 0.08에서 0.15로의 변화
     와 상관관계가 있고, 한 값의 변화가 다른 값의 변화에 8-15퍼센트 반영돼 나타
     난다. 이 내용의 요약과 설명에 대해서는 Hamermesh/Abrevaya 2013: 365를
     참조할 것.

15   Vgl. den Literaturüberblick in Datta Gupta/Etcoff/Jaeger 2016: 1314,
     1321; Diener/Wolsic/Fujita 1995: 120 sowie in Lutz et al. 2013: 212, vgl.
     auch das Ergebnis auf Seite 223

16   Diener/Wolsic/Fujita 1995: 128

17   Margraf/Meyer/Lavallee 2013: 249; Bensoussan et al. 2013: 291

18   Hamermesh/Abrevaya 2013: 367; Lutz et al. 2013: 223

19   Headey/Muffels 2018: 840

20   Langer/Rodin 1976; Rodin/Langer 1977

21   Headey 2008: 223 ff.

22   Seligman 2017 [2002]: 24

23   Alloy/Abramson 1979

24   중재적 연구는 우연한 한 변화가 일어난 후에 사람들이 어떻게 지내는지를 측
     정하는 것이 아니라, 그러한 변화를 능동적으로 야기하고 그것의 결과를 측정하
     기 위해 중재하는 것이다.

25   Boehm/Lyubomirsky/Sheldon 2011; Layous/Katherine Nelson/
     Lyubomirsky 2013

26   Cheavens et al. 2006: 73

27   Vgl. den Überblick in Dolan/Peasgood/White 2008: 105

28   Clark et al. 2018: 118

29   Sandstrom/Dunn 2013; Epley/Schroeder 2014

30   Allport/Odbert 1936; Norman 1963

31   Für eine Zusammenfassung der Literatur vgl. John/Naumann/Soto 2008; für deutsche Persönlichkeitsbeschreibungen vgl. Angleitner/Ostendorf/ John 1990: 115

32   일반적으로 여성은 남성보다 20퍼센트 더 외향적이라고 이해하면 된다.

33   Vgl. die ähnlichen Ergebnisse in Headey/Muffels/Wagner 2010: 17924; Heidemeier/Göritz 2016: 2601; Headey/Muffels/Wagner 2013: 739 f.; Headey/Muffels 2018: 859; Furler/Gomez/Grob 2013: 372

34   Specht/Egloff/Schmukle 2013: 184 f. Heidemeier/Göritz 2016: 2607 ff.; Weber/Huebner 2015: 35

35   Kim et al. 2018: 614 f.; Schimmack et al. 2002: 586

36   Lambert et al. 2012: 38

37   Keuschnigg/Wolbring 2012: 207 f.

38   Haidt 2006: 143; Headey/Muffels/Wagner 2013: 740; Headey/Muffels 2018: 854

39   Headey 2008: 214 ff.ds; Headey/Muffels/Wagner 2010: 17924; Rohrer et al. 2018: 1294

40   Arnold et al. 2018: S92

9장

1   Headey/Muffels/Wagner 2013: 738Headey/Muffels/Wagner 2010: 17924; Headey et al. 2010: 78

2   Seligman 2017 [2002]: 200f.

3   Bertrand/Kamenica/Pan 2015: 601ff.

4   Fischbach 2017: 11

5   Seligman 2017 [2002]: 202f.

6   Headey/Muffels/Wagner 2010: 17924; Headey/Muffels/Wagner 2013: 740

7   Headey/Muffels 2018: 854

8   Furler/Gomez/Grob 2013: 372; vgl. für den Wunsch nach Ähnlichkeit
    Fischbach 2017: 14

9   Fischbach 2017: 11

10 Headey/Muffels/Wagner 2013: 738 ff.

11 Powdthavee 2009: 688; Clark et al. 2018: 99

12 Luhmann et al. 2014

13 Stavrova 2019: 800

14 Carr et al. 2014: 942

10장

1   Ludwig/Brüderl 2018

11장

1   Dolan 2019

2   Haidt 2006: 105

3   Harris 2008

4   Headey/Muffels 2018: 861

5   Rohrer et al. 2018: 1294

6   Seligman 2017 [2002]: 7 ff.; Lyubomirsky 2018

무엇이 우리를 더 만족하게 만드는가

만족한다는 착각

제1판 1쇄 인쇄 ㅣ 2023년 12월 4일
제1판 1쇄 발행 ㅣ 2023년 12월 18일

지은이 ㅣ 마틴 슈뢰더
옮긴이 ㅣ 김신종
펴낸이 ㅣ 김수언
펴낸곳 ㅣ 한국경제신문 한경BP
책임편집 ㅣ 정현석
교정교열 ㅣ 박소현
저작권 ㅣ 백상아
홍 보 ㅣ 서은실·이여진·박도현
마케팅 ㅣ 김규형·정우연
디자인 ㅣ 권석중
본문디자인 ㅣ 디자인 현

주 소 ㅣ 서울특별시 중구 청파로 463
기획출판팀 ㅣ 02-3604-590, 584
영업마케팅팀 ㅣ 02-3604-595, 562 FAX ㅣ 02-3604-599
H ㅣ http://bp.hankyung.com E ㅣ bp@hankyung.com
F ㅣ www.facebook.com/hankyungbp
등 록 ㅣ 제 2-315(1967. 5. 15)

ISBN 978-89-475-4926-4 03310